北方河道水环境与水生态治理探索

张国只　任辉　钟凌　著

U0268281

黄河水利出版社
·郑州·

内 容 提 要

本书以北方河道系统治理工程为案例,以"控源截污、内源治理、生态修复、景观提升"为技术路径,在保障河道行洪安全前提下,深入分析安阳珠泉河水环境恶化、水生态失调的原因,从点源、面源污染防止入手,以水污染源修复技术、水生态重构技术为技术手段,完善珠泉河水生态系统。

本书可供从事水环境、水生态治理专业技术人员及相关专业院校师生参考、使用。

图书在版编目(CIP)数据

北方河道水环境与水生态治理探索/张国只,任辉,钟凌著. —郑州:黄河水利出版社,2021.8
ISBN 978-7-5509-3083-4

Ⅰ.①北… Ⅱ.①张…②任…③钟… Ⅲ.①河道-水环境-生态环境建设-研究-中国 Ⅳ.①X143

中国版本图书馆 CIP 数据核字(2021)第 174815 号

出 版 社:黄河水利出版社　　　　　　　　　　网址:www.yrcp.com
　　　　　地址:河南省郑州市顺河路黄委会综合楼 14 层　　邮政编码:450003
发行单位:黄河水利出版社
　　　　　发行部电话:0371-66026940、66020550、66028024、66022620(传真)
　　　　　E-mail:hhslcbs@ 126.com
承印单位:河南新华印刷集团有限公司
开本:787 mm×1 092 mm　1/16
印张:8.5
字数:150 千字　　　　　　　　　　　　　　印数:1—1 000
版次:2021 年 8 月第 1 版　　　　　　　　　印次:2021 年 8 月第 1 次印刷
定价:45.00 元

前　言

城市河道污染严重影响到居民的正常生活,国家当下将文明城市建设理念应用于河道生态治理领域,引起大众对此方面工作的关注,我国很多城市均积极地开展河道水环境治理工作。

本书作者作为城市河道生态治理的一线工作人员,深度参与了河道治理项目的设计、施工及运行管理全过程,积累了一定的理论和实践经验,在生产实践过程中,积极借鉴国内外河道生态治理与恢复的先进成功经验,以水质净化为切入点,点、线、面相结合,兼顾季节、地理等因素,综合考虑物理、化学和生物生态等方法开展了河道生态治理工作,取得了一些成果。

本书以作者深度参与的河道水环境水生态治理项目为案例,从城市河道水环境存在的问题出发,考虑工程实际情况,确定治理原则,提出治理的方案,取得了较好的治理效果。

本书第1~6章由河南水利投资集团有限公司张国只执笔,第7~9章由任辉执笔,华北水利水电大学钟凌负责全书的统稿工作。本书的出版,得到了华北水利水电大学河南省水环境模拟与治理重点实验室、河南水利投资集团有限公司和安阳市水旱灾害防御中心的大力帮助,写作过程中引用了大量文献,在此对这些文献的作者表示诚挚的感谢!

由于时间仓促,加之作者水平有限,本书不足之处在所难免,恳请相关专家和广大读者批评指正。

作　者

2021 年 5 月

目　录

第1章 绪 论

水资源作为人类赖以生存与发展的基础,对强化城市河道治理、加强水源保护具有重要的意义。具体而言,这种意义主要体现在以下两个方面:一是从社会经济可持续发展的角度分析,城市河道治理及水源保护是必然的选择,这是推动人类社会可持续发展的基础。在城市之中,河道和水源连接在一起,是人们生产生活的基础,不仅满足了人们生存需要,也是防洪排涝的重要渠道。而在水源污染日益严重的今天,城市河道已经无法满足居民的用水需要,这不仅是对居民生活的一种影响,同时制约了社会经济的快速发展,因此加强城市河道治理及水源保护意义重大。二是从社会价值与历史角度分析,在经济建设快速发展的过程中,人们的生活水平也在不断地提升,而水环境是人类发展与进步的基础,这一点无论是对于城市居民还是农村居民意义都是相同的,而城市河道治理及水源保护,可以改善自然生态环境,推动人与自然和谐相处,这是提高生活品质与城市品味的保障,具有不可替代的社会价值与历史价值。

在城市化建设进程中,河道的水环境综合治理问题不容小觑。实践中应当结合实际,针对当前存在的各种问题及现实情况,制定切实可行的针对性治理方案,提高生态化治理效果。在注重技术手段应用过程中,应当构建切实可行的生态循环系统,以此来恢复和提高城市河道水环境的质量,使其生态功能能够最大限度地恢复。

1.1 河道水生态治理背景

水是维持人类生活生产活动的基础性资源,更是实现社会经济全面可持续发展的战略性资源。人多水少、水资源时空分布不均是我国的基本水情。我国淡水资源总量位居世界第六,年度人均水资源量(2 140 m³)不足世界平均水平(7 900 m³)的1/3,是全球人均水资源最贫乏的国家之一。同时,我国水资源时空分布不均,与生产生活需求不相适应的状况十分明显,依据《2017年中国水资源公报》相关数据,长江流域及其以南地区人口占了我国人口的54%,但是水资源却占了81%;北方人口占我国人口的46%,水资源只占19%。黄河流域、海河流域、淮河流域、辽河流域所代表的北方地区人均水资源量只是全国的1/3,河川径流量仅为长江流域、珠江流域所代表的南方地区的1/6左右。随着社会经济发展过程中对水生态系统服务功能需求的不断增长,20世纪末水资源短缺、水环境恶化、水生态退化等一系列问题相继出现,水资源危机爆发,我国开始转变治水思路,完善治水理念。党的十八大以来,以中共中央提出的五大发展理念和十六字治水思路为指导,在借鉴国外"依法治水""流域综合管理""近自然修复"等成功治水理念的同时,不断创新出适宜我国国情和复杂水情的"以人为本""可持续发展""人与自然和谐共生""水生态文明""两山论""生命共同体"等指导治水的理念,不断推进现代水利改革,加快我国治水方式的成功转变。

聚焦到我国严重缺水的北方,除资源性缺水外,由于高强度的人类活动,北方流域污染性缺水的问题也较为突出,同时出现河流生态需水被挤占、河流连通性被破坏、生境退化、生物多样性锐减等生态退化现象,严重影响社会经济可持续发展。为缓解我国北方水资源紧缺的问题,我国不断优化调整水资源配置方式,通过跨地区/流域调水、兴建调蓄工程、严格水资源管理,提高我国整体水资源可持续利用水平。然而由于调水资源的有限性和缺水原因的复杂性,北方的缺水问题尚未得到根本解决,中小流域(流域面积为 1 000 ~ 10 000 km^2)作为产汇流的基本单元和人类生产生活活动的重要场所,是水土流域和水质恶化的根源。因此,从中小流域治理着手,是进一步全面解决北方地区水资源问题的必由之路。

北方缺水型中小流域由于天然水资源不足,伴随着社会经济发展中城市开发、兴建水利、用水和排水需求增长,对流域的开发利用逐渐引发了水土流失、水系不畅、水质恶化、生境空间萎缩和生物多样性降低等一系列水生态系统退化问题。20世纪以来,我国针对水土流失问题已经开展了一系列关于中小流域综合治理的相关工作,但根据新时期"节水优先、空间均衡、系统治理、两手发力"的十六字治水思路,在北方缺水型中小流域治理中要统筹做好水灾害防治、水资源节约、水生态保护修复、水环境治理工作,才能解决复杂性的缺水问题。生态水系建设是水利工程改革的一项重要举措,强调系统治水、多规合一、恢复生态。21世纪,特别是党的十八大以来,河南、福建、山东、天津、厦门等多个省市为贯彻落实新时期治水理念,开始全面推动各个市县的生态水系建设。而对于北方缺水型中小流域而言,生态水系建设是解决复杂性缺水问题的优良举措,但该举措实施的同时也面临着水资源不充足、水系不发达、水环境治理任务重、生态退化类型多样等难题。

本书针对北方缺水型中小流域水生态环境问题的复杂性,以科学的阶段性治水理念为支撑进行生态水系建设技术模式创新,并在典型流域内进行示范应用,以期为我国北方同类型中小流域生态水系建设提供技术参考和试点经验。

1.2 河道水生态治理研究现状

1.2.1 国外研究现状

两次工业革命以来,伴随流域社会经济的快速发展,人类活动不断复杂化,对水资源的开发利用程度和对水环境的破坏程度日益加深,在水资源短缺的问题尚未引起人们重视时,人类生活生产废水的无序排放引起的水污染现象已经"触目惊心"。20 世纪 50 年代,发达国家率先开始将流域治理的重点从防洪、灌溉、通航等开发利用转变为对水质的治理管理,通过完善污水处理系统,制定污水排放管理制度,严格控制进入流域水系的污染负荷。

20 世纪 90 年代以后,流域水环境质量得到一定改善后,流域治理更加系统全面。人们认识到解决日益严重的人口、资源、环境与发展问题的有效途径之一是以流域为单元对自然资源、生态环境及经济社会发展进行系统综合治理,各种生态治理理念、概念及实践得到了快速发展。1992 年联合国环境与发展大会通过的《里约环境与发展宣言》与《21 世纪议程》等纲领性文件,明确提出了"可持续发展"的新战略和新理念;人类应与自然和谐一致、可持续地发展并为后代提供良好的生存发展空间。流域可持续发展作为流域综合治理的目标是由英国 Gardiner 于 1993 年正式提出的,很快得到了各个国家的推崇。生态用水、生态流量、生态鱼道、生态廊道等概念不断被提出并用于指导流域生态治理。目前,国外已有了一系列流域治理的成功案例,为我国流域治理提供了很好的实践经验参考。

控源减排是强化流域水生态系统保护与修复的根本措施。英国在治理泰晤士河水污染问题时,在修建扩建伦敦排水官网、兴建污水处理厂的基础上,进一步通过立法控制工业废水和生活污水排放。在解决跨国河流莱茵河重大污染事件时,为完成"鲑鱼-2000 计划"中将莱茵河作为引用水源的目标,沿岸各国签署了以限制排污为目标的《莱茵河保护公约》,第一时间投资兴建污水设施,建立水质监测及预警系统的同时,推行污水排放需事先征得排放许可的管理规定,即排污许可管理;各缔约方的重要义务之一就是在各自境内自行采取必要措施,对可能影响水质的污水排放事先征得排放许可并遵照限量排放的一般规定。此外,缔约方各国在完善污水处理设置、修复湿地、提升监测水平及恢复植被等方面相继投入了数百亿美元,2000年莱茵河鲑鱼回归目标如期实现。

物化类工程措施是快速改善河流水质的有效方法之一。发达国家在进行水环境治理时,大多先借助物理方法或化学方法快速改善水质污染状况,再通过流域全面河道水生态治理的生态修复措施修复河流自身的系统稳定性。在改善水质方面,各国开发、使用了各种技术,其中生态清淤和曝气法是成熟且收效明显的改善水质技术,使用范围颇广。生态清淤是指选用通过柔性吸泥有效防止搅动底泥,并通过底泥回收利用防止二次污染的清淤方式,日本第二大湖泊霞浦的底泥疏浚工程就是一个典型案例,有效改善了该湖泊底泥量高达4 000万 m^3 的底泥污染形势。

曝气法是通过人工充氧提升河流物理自净能力,改善有机物污染状况的有效治污方法。1980年,泰晤士河水务局采用了一种装有变压吸附(PSA)制氧和VITOX混流注氧设备的机动纯氧曝气船(Thames Bubbler)进行河道曝气,2年试验期间可实现每天向河水中充氧5~7 t,污染状况明显好转,很快达到了推广应用。

生态性工程措施是开展水生态系统保护与修复的核心环节。除运用各工程措施进行河湖水质净化外,发达国家又将工程手段用于改善人类活动尤其是河道改造形成的水生态系统破坏,充分利用生态系统的自我修复能力,即着手开展全面的水生态修复工作。以美国基西米河治理为例,该河流原本地貌多样、河道蜿蜒、流量天然、沼泽湿地完整、水生生物繁多,随着城市发展对防洪排涝的需要,20世纪60年代对基西米河进行了渠道化改造,河道过流能力提高的同时,蜿蜒性降低,河道及其两岸的生态环境遭到严重破坏,两岸河滩沼泽湿地因缺水而迅速消失,同时因为长期的低流量或者无流量,部分河槽中藻类滋生,死去的植物所形成的有机质堆积层消耗了水体中大部分的溶解氧,各种鱼类和水禽渐渐减少、消失,生物结构失衡,河流自净能力丧失,水质恶化,影响到下游区域的取水。1990年在生态修复试验的基础上,美国相关部门组织开展了改变水系调度方式、修建生态河坝、去渠道化等一系列的生态修复工程,以恢复河道自然的流态和水文交换方式,还河流以"生态",随着河流连通性和洪泛区的恢复,河流栖息环境得到了极大改善,周边宽叶林沼泽和湿地得以重建,水禽和水鸟重返,鸟类数量增长了3倍,甚至已经匿迹的鸟类也重返基西米河。

流域尺度的系统管理是保障水生态系统保护与修复的关键。从流域的整体性出发,流域系统管理是整体协调人水关系、科学布局水生态系统保护与修复措施的重要手段,是调动全流域各部门力量改善流域水生态环境的关键抓手。美国通过收购并统一管理重点生态保护区域土地,顺利推动全国保护缓冲带行动实施。2000 年底,欧盟批准实施的水框架指令中提出要引入流域管理规划体系,是欧盟水环境管理方式的重要转变。日本为突出流域管理的整体性,将局部的"多自然型河流建设"调整为全面的"多自然河流建设",从个别部位的多自然转向兼顾整个河流整体自然状态的多自然,强调与周边历史文化、生活方式的融合,为人们提供良好景观环境的同时,保护河流土著生物的生存繁殖环境。

1.2.2　我国生态水系研究及建设现状

1.2.2.1　我国生态水系理论研究进展

早在 21 世纪初,在水利改革的热潮中伴随流域保护、建设、管理过程的生态水系概念应运而生,但尚未形成科学统一的认知,仅停留在指导水利改革的理论思维层面上,将生态性质的河流治理工程概念化。

刘长军从水系生态建设的作用和功能出发,将水系生态建设定义为,基于生态学及其他学科理论,依据系统治理理念在水系范围内统筹开展的面源污染控制、环境综合整治、水生态修复、水土保持、造林绿化、湿地保护与修复等水系综合整治活动,而生态水系建设是水系生态建设的一种形式,并注重在生态建设大目标下开展科学治水,该概念偏重水利方面。

张蕊则认为生态水系建设是将水作为多种生物生息的空间,在确保防洪安全基础上,将河道建成近自然状态,创造丰富的自然水边环境,该理念偏重生态方面概念。

1.2.2.2　国内生态水系建设实践研究进展

目前,生态水系建设在我国仍处于起步和探索阶段,相关研究成果多是在结合工程实践的基础上开展的。

朱青指出城市生态水系建设的关键在于协调好水系各项功能需求,即统筹好亲水与防洪的需求、利用好复式断面的土地空间、处理好引水补源与截污排污的关系、融合好生态修复与水系整治的目标、解决好湿地恢复与土地开发的矛盾,着力构建多功能的城市生态水利体系。

吕树文等针对天津市大港区城市生态水系存在的水环境质量差、水资源匮乏且利用率低等问题,提出应首先估算生态需水量及可供水量,充分利用各种不同类型水源,保证满足区域各类用水需求,改善流域水资源短缺状况,提升水系水体自净能力。

武增强和刘燕结合武安市水系资源现状,建议在武安市生态水系建设中,科学处理生态水系工程建设与尊重自然的关系,充分评估水生态环境的承载能力,将水利工程对生态系统造成的负面影响降到最低限度。

胡勤勇在兰州市安宁区生态水系规划设想中,结合该区域水生态特点,提出生态水系的建设应水量、水质、水生态并重,不仅要充分发挥水系的生态效能,同时注重保障和创造满足自然条件的良好的水循环;通过水资源优化配置,科学约束人类活动对水系的无序索取,提升水资源的可持续利用水平。同时,通过节水、清洁生产、生态修复等措施,保障河流健康。

张蕊针对天津北塘片区淡水资源严重匮乏、水系不连通、地表水体污染严重不能达到景观水质要求、水体自净能力差等问题,研究提出了景观水域的补水水源(地表水、雨洪水、外调水)的优化配置方案,对河道进行分时段的水位控制,并确定生态补水量、补水方式等。同时,集成了包含雨洪水资源化利用、生态护岸和水系循环调度在内的的雨水补给型景观水体生态修复与污染控制技术,可实现对高盐景观水体的水质改善和生态修复。

王志平等针对登封市河道硬质化严重、水资源匮乏导致的水环境质量恶化、水生态破坏等问题,提出登封市的生态水系建设应实现防洪、水资源管理、河流生态修复、滨水景观提升的综合性目标。

谢玉仙针对莆田市城厢区城市水系建设中存在的治理观念缺乏生态效应考虑、枯水期水量不足、河道水质恶化严重等问题,提出在城市生态水系建设中应推广生态河岸建设、开展河道水生生态修复、实施生态补水、进行丰枯调节、加强河道清淤连通等措施。

赵洪彬等在目前成都市水生态文明建设基础上,提出成都市未来的水生态系统的统一规划,应以"保护自然水源、优化千年水网、建设活水成都"为目标,在满足河道防洪、排涝、供水、灌溉、景观等基本功能的基础上,重点结合沿岸产业布局、生态保护、环境治理、交通旅游、水源涵养等功能,主要考虑防洪治涝、水环境治理、水生态修复、水景观提升等方面,实现对全域河流水系的综合治理。

我国的生态水系建设大部分主要是在确保工程安全性的前提下,尽可能对生态环境进行修复,促进水生态系统良性循环,为生物生存营造适宜的环境条件,同时为人们营造良好的生活环境,承载流域经济、政治、社会、生态、文明全面发展,实现人水和谐共存。

1.2.3 国内外治水模式研究进展

自 19 世纪中期,各个国家相继开始对退化严重的水体开展修复工作,在长达一个半世纪的治理历程中,已经形成了一系列较为成熟的治水模式。

1.2.3.1 国外治水模式研究进展

两次工业革命以来,人类活动复杂化伴随着水资源开发利用程度不断加深,在水资源短缺的问题尚未引起人们重视时,人类生活生产废水的无序排放引起的水污染现象已经"触目惊心",例如泰晤士河和莱茵河。从此发达国家开始了治理措施和治理尺度不断升级的"治水"持久战。19 世纪中期至 20 世纪中期仅对污水采取了截污和初级处理措施,但未放缓水资源开发的脚步,水污染现象未得到遏制,恶性水污染事件爆发威胁到居民的身体健康和社会经济的发展。20 世纪 50 年代,发达国家开始转变治水思路,开始了严格的控源治污模式,该模式治理尺度主要是重点污染源。至 20 世纪 80 年代,发达国家重度污染河流水质得到明显改善,治水思路转变为以典型物种恢复为目标,治理尺度也升级为河流廊道。至 20 世纪末期,发达国家在水污染问题基本解决、生物多样性得到有效保护的基础上,进一步开展了以流域为尺度的系统性生态保护。

随着治水模式的不断发展,发达国家大都形成了符合自身社会经济发展现状的治水方式。20 世纪 70 年代,美国确立了"与自然相协调的可持续"河流管理理念,将管理的目标从污染源控制转变为河流生态功能的恢复,90 年代开始对河流进行近自然化改造,恢复滨河湿地,保护生物多样性。80 年代,德国、法国、瑞士等欧盟成员国,提出了"近自然河流"的概念,并发展了"自然型护岸"技术,注重河道自然化的改良和水生生物栖息地的修复和保护。日本借鉴瑞士等国家的"近自然河流"理念,于 20 世纪 90 年代提出了"面向 21 世纪的河流治理方略",并实施了"创造多自然型河川计划",首先在典型河流开展生态河岸改造的多自然型河流建设试点工程;其次在大量的河流普查和深入河流生态学研究后,将河岸及河床的自然多样性修复引入多自然型河流建设中,随着实践经验的不断积累,对照该计划目前已落实了 600 多项近自然型河流修复工程,多自然型河流建设普及率占到治河工程的 60% 以上,并先后出台了"自然再生推进法""景观法"《多自然河流指南》《中小河流河道规划技术标准》等指导性文件,形成了一整套多自然河流建设的规范体系。

以上发达国家河流治理现已进入"生态水利"或"环境水利"的高级阶段,即已经摒弃了前期社会经济不平衡发展所形成的"唯效率主义"河流管理观念,强调尊重自然规律,注重河流自然生态环境的恢复和保护,希望通过适度干扰的改造使河流回归生态。

1.2.3.2 国内治水模式研究进展

自 2015 年我国实施水污染防治行动计划("水十条")以来,全国范围集中开展的水污染治理与生态修复极大地促进了我国治水理念及技术的发展,国内已形成了相对比较成熟的水体综合治理模式。

1. 发展中地区流域污染综合治理模式(TRR)

范金林在借鉴发达国家流域治理经验的同时,依据发展中地区小流域污染问题及经济状况与发达国家间的差异性,构建了适用于发展中地区小流域生态环境与社会经济协调发展的"治用保"(Treatment、Recycle、Restoration,TRR)流域治污新模式。TRR 模式以小流域为单元,按照容量总量控制原理,在实施全过程污染防治的"治"(污染治理)的基础上,通过构建再生水截、蓄、导、用设施,合理规划再生水回用工程,实现区域内部水资源最大限度的"用"(循环利用),进一步削减污染负荷;通过"保"(生态修复和保护),积极修复经济社会发展中遗留的生态破坏,构建流域生态屏障,提高流域水环境的水体自净能力,逐步逼近并最终达到流域水质目标。动态化的 TRR 模式分阶段逐步严格标准、逐级实现污染物总量减排,最大限度地利用"用"和"保"化解了流域治污压力,为发展中地区在工业化、城镇化发展进程中同步解决流域污染问题提供了可循路径。

2. 小流域综合治理模式研究

从系统论和可持续发展理论的角度来看,小流域综合治理是以水土保持为核心而开展的系统性工程,即通过对小流域生态、经济和社会进行治理与管理,建立一个稳定、持续、高效的生态、经济和社会复合系统,以实现小流域的可持续发展。由于小流域具体情况不同,其治理模式侧重点也存在很大差异,水土流失治理过程中要综合考虑生态效益和社会效益,通过强化降水入渗,合理规划空间利用,保护生产、生活与生态(三生),吸纳多种产业类型,建立快速、高效、可持续的生态经济系统。

1.3　城市河道水环境存在问题

现阶段,社会经济得以迅速发展,在获取利益的同时,却忽视了环境自身的价值,造成了环境的破坏。根据相关的统计,近年来,污染现象越来越严重,城市的水环境污染已经达到了 90%,而且将近 1/3 的城市有着地下水污染的情况。地下水资源是城市用水的主要来源,遭到污染会严重影响人们的生活。水质的恶化及污染已经成为我国目前河道整治的一项难题。

在很多城市当中,对于水资源的消耗十分大,为此许多河道都出现了干涸及断流等现象。城市进行工业生产的用水量比较大,导致河道的承受能力严重不足;一些工厂肆意向河道排放工业废水,导致河道的水环境遭到严重破坏,水体自身的净化能力也急剧下降。一部分城市为了解决城市河道中存在的水质问题,会把再生水排入河道当中,进而对原有水质进行净化,但是并没有起到十分显著的效果。目前,水资源匮乏是城市所面临的一项严峻考验,为此一定要对城市河道的水环境进行有效的净化和整治,进而保证城市的水资源供应,避免出现水资源短缺的现象。

进行城市河道整治,最主要的目的是要让河道恢复其原有的功能和作用,所以进行河道治理时不能只进行表面工作,一定要对河道的水环境加以高度重视。城市的河道治理部门并没有制定一套合理科学的计划,在具体的工作当中仍存在许多问题,城市河道在进行整治过程中缺乏完整合理科学的体系和规划,使得河道的治理工作并没有得到完善的解决。在进行生态建设的过程中,一定要有针对性,才能不断改善河道的水质。

城市河道水环境生态治理具有重要的意义,但是从目前的城市河道治理及水源保护效果分析,还存在一定的问题,具体而言,主要表现在以下两个方面:首先是控污难度大,在工业化进程快速发展过程中,城市污水处理系统在进行建设和污水处理方面,难以及时达到相关的进度和标准要求,这就使得越来越多的污水没有经过处理或处理没达标就排入河道,甚至河流已经成为接收污水的主要场所,这在无形之中就增加了截污控污的治理难度,如深圳石岩水库在截污工程竣工前,石岩河污染日渐严重,在短期内污水根本无法经过污水处理厂和生物处理彻底治理,这也是经济发展所带来的一种生态矛盾。其次是自然生态护岸遭受很大破坏,城市化快速发展阶段,水源保护用地受到很大压缩,虽然这些年挖掘传统理念,发展生物处理技术、物理处理技术、化学处理技术等方面的研究和应用,但是在现实治理河道和保护水源的过程中,治理效果还是受到了很大局限,水源环境相对还是受到了很大的破坏。

1.4　城市河道水生态治理的意义

城市发展对河道有较大的依赖性,但是由于过往我国不合理的发展方式,在经济建设的同时出现很多破坏生态环境的行为,影响到生态系统的正常运行,水污染范围逐渐变大,河道面积逐渐变小,如果任由此种情况继续下去将会严重阻碍社会发展。因此,当下必须响应党中央关于环境保护的号召,关注城市河道治理工作,结合地方环境特征优化河道系统,解决地域污染问题,强化河道自净能力,加快城市河道恢复能力,促使河道早日恢复原来的样貌。

河道水环境生态治理应该在尊重自然的前提下进行,人与环境和谐相处是可持续发展的重要内容,也是实现社会稳定、和谐发展的关键所在。河道水环境生态治理应该权衡各方面工作,在保证原有植被不被破坏的前提下,还需要结合区域特征选择恰当的手段进行水环境生态工作,改善城市河道水环境生态,以多目标为河道水环境生态治理的工作目标,通过河道水资源治理让城市河道拥有抗洪、排水、排涝等方面的功能,为城市实现可持续发展保驾护航。

我国是最早进行水利工程建设的国家,自古以来都十分注重河道治理。河道作为人们日常生产生活的重要资源,在人们的日常生活中起着无可替代的作用,但是,由于受到工业的污染和生活垃圾等影响,河道生态遭到了严重破坏,为此一定要进行合理科学的整治。目前,我国许多的城市河道都遭到生态破坏和环境污染,出现了很多问题,而城市河道的水环境生态治理,就是针对这些问题进行解决,旨在优化河道的水质,保证人们的身体健康,并且能够美化环境,有效促进城市经济的发展。但是,进行河道治理是一项较为系统的工程,一定要根据实际情况采取措施,也就是要因地制宜。与此同时,进行生态整治需要建立在原有的生态环境基础上,使用最为合理科学的方式进行完善,不断地促进城市河道治理工作进程和生态发展。

第2章 河道生态治理相关基础理论

系统的学科知识是治水理论创新的基础,科学的治水理论是指导生态水系建设的关键,因此以理论为支撑明确生态水系建设的基本思路对于生态水系建设的深入研究具有重要意义。为转变我国生态水系重实践、轻理论的研究现状,本章以河道生态系统和河道生态系统修复相关理论作为生态水系建设的理论支撑,对生态水系概念及内涵进行解析,对生态水系建设技术模式进行探讨,并以新时期对生态水系建设的要求确定生态水系建设原则、理念和目标。

2.1 生态河道相关理论

2.1.1 生态水系规划支撑理论

2.1.1.1 流域二元水循环理论

流域水循环是指流域尺度下主要包括降水、消耗、径流、输送运移及流域储水量等变化在内的整个过程。自人类活动出现以来,随着对自然改造能力的逐步增强,人工动力大大改变了天然水循环的模式,现代环境下在部分人类活动密集区域甚至超过了自然作用力的影响,水循环过程呈现出越来越强的"天然-人工"二元特性。

"自然-社会"二元水循环在驱动力、过程、通量耦合的基础上,衍生出多重效应:径流减少的水资源次生演变效应,污染增加的伴生水环境演变效应,人工修复生态退化的伴生生态演变效应,人类活动调整的社会反馈效应,经济发展调整的经济反馈效应。二元水循环理论可实现对人类社会经济系统和生态环境系统间联系的辩证分析,从而合理设置生态环境保护目标,规范社会水循环工程,促进社会经济发展与生态环境保护协调有序。对生态水系建设等流域治理活动而言,根本上就是控制社会水循环的影响,同时修复自然水循环受损的过程,从而平衡各项效应,实现社会和谐可持续发展。

2.1.1.2 生态系统完整性恢复理论

生态系统完整性是生态系统健康水平的重要体现,表现为结构完整性和功能完整性。对于生态系统而言,结构是功能发挥的物质基础,功能是结构稳定的调节手段,生态系统结构又分为非生物结构(环境因子)和生物结构两个层次,非生物结构改善是生物完整性恢复的前提,生物完整性提高又反作用于环境,维持甚至进一步改善非生物结构。生态系统功能从根本上可以归结为物质循环、能量流动和信息传递三个方面,综合考虑生态系统良性循环和社会可持续发展需求也可将生态系统功能按照作用对象不同分为自然属性功能和社会属性功能。生态系统结构和功能的耦合性是实现生态恢复的关键,其耦合效果主要体现在生态系统自维持能力、生态整合能力、自调节能力和自组织能力四项能力的恢复,该四项能力正是生态系统功能发挥的关键驱动力。

基于河流生态系统结构和功能的耦合性,在生态水系建设中应从河流生态系统水环境质量、生境条件和生物结构现状问题出发,综合考虑自然属性和社会属性功能需求,以完善河流生态系统结构为手段,恢复河流生态系统功能。

2.1.1.3 近自然修复理论

人与自然是生命共同体,人类必须尊重自然、顺应自然、保护自然,必须坚持节约优先、保护优先,形成节约资源和保护环境的空间格局,还自然以宁静、和谐、美丽。近自然修复以维持生态系统平衡为出发点,减轻人为活动对河流的干扰和胁迫,提升河流生境适应性,恢复河流生物多样性,让河流自主选择生态系统平衡点。

生态水系建设应始终坚持生态优先,在拥有营造近自然河流条件的河段采用对生态影响最小的手段,最优化恢复河流自然状况的水文、水动力、水质、河岸带等生境条件,并人为促进生物群落正向演替和生物多样性恢复,健全生态系统的自我调节与反馈机制,提高生态系统稳定性,为生态系统平衡创造条件。

2.1.1.4 人与自然和谐共生理念

人与自然的关系是人类社会最基本的关系,在人类与自然的关系中,人类是自然的一部分,人类与自然相处中必须符合自然规律。人与自然和谐共生是指人与自然和谐发展、共生共荣的存在状态,是对人与自然关系的深刻认识和理论总结。自然资源是有限的,生态环境是不可替代的,而社会经济发展中对资源的需求和对环境的影响也是不可避免的,因此人与自然和谐共生实现的关键在于解决人的发展与自然环境及资源承载力之间的矛盾。

生态水系建设中应响应流域人与自然和谐共生需求,以科技引领、管控保障的"减负"和生态主导、人工优化的"增容"为双重抓手,不仅注重水系自身建设,还兼顾优化对水系有影响的用水产污型人类活动,通过生产方式绿色化、生活方式绿色化、生态空间绿色化,提高水系和流域的综合生态效益,并促进社会经济可持续发展。

2.1.1.5 可持续发展理念

可持续发展观是科学发展观的核心内容,强调经济、社会、资源和环境保护协调发展,既要达到发展经济的目的,又要保护好人类赖以生存的自然资源和环境,使子孙后代能够永续发展和安居乐业。资源可持续利用和生态退化形势遏制扭转是可持续发展关注的重要方面。

在生态水系建设中,统筹考虑社会经济发展和生态良性循环发展的持久性,提出既不超出生态系统安全阈值又满足人类发展需求的河流开发利用及生态保护目标,并依据目标制定系统的、长远的河流治理方案。其中,水资源优化配置兼顾"三生"需水,环境流量调控充分保障河流生态需水,并致力于通过水资源用水总量和强化双重控制,提高水资源重复利用水平,强有力地保障水资源对社会经济可持续发展的支撑作用。

2.1.1.6 水生态环境保护"三阶段"理论

水专项"清漠河流域水环境质量整体提升与功能恢复关键技术集成研究与综合示范"课题通过总结国外治水发展历程,结合我国水问题的特殊性(人多水少、产业结构不佳)、复杂性(水安全、水资源、水污染、水生态等),以实现流域健康可持续发展为目标,依据水生态环境保护发展进程中,自然生态需求、社会经济需求的变化规律,生态环境与社会经济发展协调性的发展规律,指出水生态环境保护工作应分为"水质改善、功能恢复、生态回归"三个阶段开展。

水质改善阶段为以水环境治理为关键,满足必要的生物生存性、社会安全性需求的水质改善阶段;功能恢复阶段为以通过改善生态系统结构保障功能发挥,全面满足生物生存性/适宜性和社会安全性/经济性/舒适性需求的功能恢复阶段;生态回归阶段为以深度优化人水关系,保持各类需求增长持衡,维护生态系统自修复、自维持能力提升的生态回归阶段。

2.1.2 河流修复技术选取理论依据

2.1.2.1 河流连续统理论(theory of river continuum)

Vannote 提出的河流连续统概念(river continuum concept,RCC),将河流生态系统视为物理变量纵向连续变化及生物群落相适应的整体,认为河流的典型特征是各种生境物理特征(如流量、河宽和底质尺寸)的纵向梯度变化,这一梯度应该在组成种群中引起一系列的响应,从而导致沿着河流长度的有机物质的形成、运输、利用和储存发生变化,最后生物种群发生相一致的自我调节。下游群落是利用上游处理效率低下残余而形成的,因此上游无效率渗漏和下游的调整都是可预测的。该理论是首次从流域尺度考虑河流生态系统的结构和功能,从而为全面系统地理解河流生态系统提供概念框架。

而气候、地质地貌、支流汇入和人为干扰产生的影响会导致基于河流连续体理论的预测结果产生偏移,随着学者对河流生态系统的深入研究,将这种偏移归结为过度关注河流纵向连续性而忽略了横向及垂向的环境因素(气候、地貌、水质、生境等)对生物群落的影响。生态水系建设中必须从河流连续性出发,考虑上游构建措施对下游的连带影响,并考虑构建后形成的稳定的营养物质分配和生境状况对生物群落分布的影响。

2.1.2.2 河流不连续体理论

河流连续体理论同理想流体一样,在现实情况下是不存在的,对于自然界人为干扰痕迹较少或大尺度流域而言,可以作为生态系统研究的简化模型对河流生态现象给予解释和预测。然而,河流作为人类影响最为严重的水体形式,流经城市的河流为保证行洪安全、水资源供给等实现需求,大多经过明显痕迹的人工改造,最为典型的就是闸坝对河流纵向连续性的影响及河床河岸整治对河流横向连续性的影响,河流天然水文情势和水体交换模式被破坏,多维度影响河流生态系统结构和功能的完整性。

1983年,Ward与Standford提出了序列不连续体概念(serial discontinuity concept,SDC),主张通过碎片化河流的距离和代表破坏强度的参数,解释并预测所产生的物理反应和生物反应,求证大坝对河流生态系统结构和功能的影响。该理论引起了人们对大坝生态影响的关注,紧接着,考虑到水流频率、强度、持续时间和时机等因素对维持河流生态系统完整性的重要意义,提出了生态需水量的概念。后来考虑到开放的河流与河岸带间的横向联系对于河流生态系统的重要意义,Ward与Standford将河流横向联系整合到原有SDC理论中,使SDC理论同样适用于硬质化对河流与河岸带间的横向不连续性问题,从而进一步拓展和完善序列不连续体概念。目前,地貌差异性导致的不连续性也被纳入该理论中,便于运用该理论解释各种河流不连续现象。对于缺水型流域而言,河道改造和闸坝控制造成的河床生境退化、河流片段化、湖库化对生态的不利影响不容忽视,在生态水系建设中,科学的闸坝调度和河道/河岸生境改善是提高河流连续性的有效手段。

2.1.2.3　河流空间异质性理论

河流空间异质性理论强调的是河流蜿蜒性、河床断面的多样性、岸坡河床材质的异质性所形成的生境异质性、适宜于不同生物不同生理时期的环境,从而对生物群落产生影响。后来学者在时间尺度上,考虑到降水、气温等自然条件变化的规律性与生物群落更替周期的规律性间的联系,以及生境变化对生物群落影响的时间蔓延特征,将随时间形成的生境条件变化也纳入该理论,将该理论丰富为河流时空异质性理论。在生态水系建设中,空间异质性理论是指导局部生境改善的重要理论,从不同的水环境问题出发配置不同的水生生物功能群,以不同的水生生物功能群适宜物理生境条件为目标,来构建多样化的微生境条件,从而保证每个物种的生境空间,间接提升生物多样性。

2.1.2.4　养分螺旋理论

养分螺旋概念(nutrient spiralling concept,NSC)是 1975 年乔治亚大学Jackson R. Webster 教授提出的,该理论是对一个基本问题的思考过程,为何大自然的溪流流态越多样化,水中无机型营养物质浓度就越低,该理论从河流水质可能受到的三方面的影响对该问题进行了回答:第一,水流越多变,水中营养物质与河流底质接触越频繁,物质由溶解态被吸附固着在底质上不随水流流动的可能性越大。第二,微生物代谢死亡是内源污染物释放的重要形式,而在水流多样的溪流中,摄食微生物的底栖动物、浮游动物较多,从而通过食物链的物质循环作用缩短无机物转化为有机生命体的时间,防止无机物的再次释放。第三,在水陆交界地带,多变的水流形式将增加水流阻力,减缓水流速度,有利于滨水区水生动植物对营养物质的吸收利用。

该理论可以用于判断水生态系统的稳定性,如将无机物转化为最终有机体的螺旋距越小,表明营养源可以在水中被及时地充分利用,不随水流流动,表明河流具有优越的自净能力,所反映的河流生态系统稳定性越好。养分螺旋理论是生态水系建设中从生态角度出发,结合河流现状组合应用以水动力改善、微生物代谢加强、食物链修复为目的的环境流量保障、原位生态强化净化与直接/间接生物多样性提升技术的灵感源泉。

2.2　生态河道概念及内涵

2.2.1　生态水系概念界定

水系又称河系或河网,是流域内各种水体构成脉络相通系统的总称,水文学中进一步给出了规范的水系概念,即流域内具有同一归宿的水体所构成的水网系统。组成水系的水体有河流、湖泊、沼泽、水库等,其中干流及各级支流组成的河流是水系的主体。

随着经济社会的发展,人类活动范围和活动方式在不断变化,而"人水关系"也在随之变化,人水关系是指人水系统中"人文系统"与"水系统"之间的关系,主要经历了"临水而居、避灾而游""新兴水利、大力开发""尊重自然、促进和谐"三个阶段。在古代,由于人类生产力水平低下,人类只能顺从自然,多数在河流取用水方便的地区生活,人水关系还算大体和谐,这是一种原始的和谐关系。这个时期人类对洪水的规律并无认识,洪水肆虐人类,人类束手无策,只好避之。到了工业革命以后,人类社会生产力水平迅速提高,人类改造自然的能力不断增强,受"人定胜天"思想观念的主导,人类开始征服自然,以自然的主人自居。为了满足人类对水的需要,人类加大了水资源开发利用的力度。结果虽然使得人类社会的物质文明达到了前所未有的高度,但是同时,由于人类对自然界的肆意污染和破坏,最终也遭到了来自自然的报复,引发各种水问题,人水冲突日益尖锐,影响到了人类的生存和发展。面对这些危机,现代人类社会开始反思自己的发展历程和行为,重新看待水资源的价值和内容,重新认识人水关系,强调水资源的可持续利用,强调人水和谐相处。

目前的水系建设中,为解决水资源开发和水安全防护工程对河流生态的冲击,提倡水利建设与生态修复相结合,避免前期水系建设中"渠道化""硬质化"和"过度园林化"现象,在"水利"与"生态"融合发展的过程中,生态水系的概念应运而生。

生态水系建设工作目前已在多个地区开展,已形成了一系列对于生态水系的不同解读,前期主要产生了从水利和生态两个角度对生态水系理念的解读,一种是认为水利建设不应对生态目标建设造成不利影响,另一种则认为应在不影响行洪的条件下,依据近自然理论进行水系生态修复。后期随着河长制制度的实施,流域综合治理模式的不断推广,水系系统治理的思维方式和技术水平有了很大的提升,对于生态水系的解读也更加全面和具体,将水资源、水安全、水环境、水生态、水景观、水文化等多个水系建设内容均融入生态水系建设中去,其中较为成熟的是福建省提出的生态水系建设应实现"河畅、水清、岸绿、安全、生态"五大目标,对于生态水系的感官性能和功能性能进行了较为系统的梳理总结,突出了对水系自然属性和社会属性功能恢复的双重重视。

目前,生态水系给出的几种概念中仍存在以下几个问题:第一,关于生态水系的概念尚未完全统一,目前仅是在响应水生态文明建设要求的条件下,结合水系建设实际需求进行界定的,没有相应的理论支撑。第二,生态水系范围划定不科学,目前生态水系建设多是结合行政区的水生态环境治理需求,将行政区内的水系混为一谈,并主要针对重点河流开展,人为地破坏了水系自身的结构连续性和复杂性。第三,生态水系特征属性描述不全面,生态水系作为流域生态系统的支架,城市生态系统中人类与自然的重要交流媒介,其结构和功能完整性均是生态水系建设应恢复的重点内容,目前的生态水系概念和目标中仅仅关注了水系自身的修复状况,未考虑到对流域及城市可持续发展的支撑作用。

本书研究中依据水系概念和河流生态系统自然属性和社会属性特征,从生态水系范围、对象和功能定位出发,明确生态水系的概念,即生态水系是指以流域水系整体为单元的,物理、化学、生物结构完整,生态过程稳定,自然属性及社会属性功能发挥水平能持续满足系统内良性共生的生态要素平衡需求、合理合规的社会服务需求的所有形式水体的总称。

2.2.2 生态河道内涵解析

从助力流域可持续发展的长远性生态水系建设总体战略性目标来看,应从水资源、水环境、水生态、水景观、水文化、水管理、水经济"七水"着手进行水系品质提升。基于此,从广义上对生态水系概念进行内涵解析,广义的生态水系即为流域内参与"二元水循环"的所有形式水体共同组成的结构上实现水资源配置优化、水系全面畅通、水环境质量向好、水生态退化扭转;功能上实现水灾害防预全面、水资源供需平衡、水土保持状况稳定、环境承载能力持久、景观文化独特丰富的完整性流域水生态系统。

广义的生态水系是多项举措的合力结果,是以水系为表象描绘的可持续发展流域缩影。考虑到生态水系建设生态保护恢复的工程性主旨目标,以流域内对水生态系统形成直接、重要影响的取水、排污等人类生产生活过程行为得以有效控制作为生态水系建设前提,在实际的生态水系主体构建实施时将生态水系聚焦于干流及主要支流构成的水系主体,坚持问题导向和目标导向相结合,分段进行差异化的生态水系建设。基于此,从狭义上对生态水系概念进行内涵解析,狭义的生态水系即为在合理合规的人类活动影响下结构仍能保持水文三维连通(纵向水系连通、横向水陆连通、垂向渗透连通),环境流量自然充沛,水质状况持续良好,生境空间连续多样,生物群落层次完整;同时仍能发挥水体自净功能、养分循环功能、生物栖息功能、生命支持功能等自然生态功能和水功能区划及水环境功能区划要求的社会服务功能的河段尺度水生态系统。

本书生态水系建设研究中流域整体水系建设以广义的生态水系内涵特征为总体目标。同时，为提高全域生态水系建设的精准性，针对各个河段的生态水系建设则以狭义的生态水系内涵特征为具体考核目标，聚焦于河段的具体问题拟订生态水系建设技术方案，坚持问题与目标的双重导向，兼顾生态与社会的双重需求，通过分段改善河流生态系统结构完整性，保障水环境质量稳定改善，逐步恢复河流各项水环境功能。

2.3 生态水系建设技术模式

2.3.1 模式

模式(Pattern)是指事物的标准样式，模式一词的指涉范围甚广，它标志了物件之间隐藏的规律关系，只要是一再重复出现的事物，就可能存在某种模式。而这些物件并不必然是图像、图案，也可以是数字、抽象的关系，甚至思维的方式，是一种认识论意义上的确定思维方式。模式强调的是形式上的规律，而非实质上的规律，是前人积累的经验的抽象和升华。简单地说，模式就是从不断重复出现的事件中发现和抽象出的规律，在实际应用过程中，将解决问题的经验总结，形成解决该类问题的方法论，即把解决某类问题的方法总结归纳到理论高度，那就是模式。Alexander 给出的经典定义是：每个模式都描述了一个在我们的环境中不断出现的问题，然后描述了该问题的解决方案的核心。通过这种方式，可以无数次地使用那些已有的解决方案，无须再重复相同的工作。

2.3.2 技术模式

技术模式是模式的一种，是技术实施的方法、方案。与普通模式不同的是，技术模式除需要对以往理论及实践经验进行总结外，还要针对要解决的主要问题和应实现的具体目标，对技术进行有机排布组合，提出较为详细的技术方案，该方案应在一定范围内具有普适性，就要留有针对具体问题的选择和修正空间。例如，以生物修复为基础，强调生态学原理在退化生态系统中的应用，针对某一生态环境修复过程中所使用的相匹配的一种或几种生态修复技术而形成的模式，即为生态修复模式。我国北方流域较为普遍的水资源极度匮乏、过度开发、污染物排放和河道人工化等原因造成的河流断流干涸、水质恶化和生物多样性下降等一系列生态问题，促进了我国河流生态修复技术的发展，但尚未形成适用于特定流域特征的河流生态修复技术模式。

2.4　新时期下的生态河道建设

2.4.1　生态发展方向对生态河道建设的新要求

2.4.1.1　生态流域建设对生态水系建设的新要求

流域是以水为纽带，由水、土地、生物等自然要素与社会、经济等人文要素组成的环境经济复合系统。它不仅是人类开展生产生活活动的基本单元，更是多属性生态系统进行物质循环、能量流动的基本单元。生态流域是在保证流域生态系统结构和功能健康的前提下，通过系统实施流域资源、环境综合管控，使流域社会经济发展与生态系统资源、环境承载力相协调。

流域水系是水循环的关键环节及重要的水资源形式，也是流域内各种污染物的汇，水系状况是体现流域水资源、水环境状况最直接的形式，水系问题将直接影响水循环质量，并伴随水循环过程使问题加剧。因此，生态水系建设是生态流域建设的重要内容，应以构建良好的水陆交换环境，建立安全的自然社会交流屏障，提升流域自然属性的调节能力，保障流域水资源、水环境、水生态健康为目标，开展以流域为单元自上而下、自两岸到水域、治管结合的系统规划。

2.4.1.2　基于绿色发展的生态文明建设对生态水系建设的新要求

自2012年十八大提出将生态文明与经济、政治、文化、社会建设一起总体布局，强调"五位一体"，生态文明建设在全国拉开了帷幕。2015年十八届三中全会提出"创新、协调、绿色、开放、共享"五大发展理念，继而需要将绿色发展与生态文明建设进行有机融合。基于绿色发展的生态文明建设，要求以流域为统筹单元坚持以效率、和谐、持续为目标的经济增长和社会发展方式。在理念上就是要走生产发展、生活富裕、生态良好的文明发展道路；在目标上就是要为人民提供更多优质生态产品；在任务上就是要筑牢生态安全屏障，同时建立健全流域联防联控和共治管理制度。

水系作为流域的构架基础和满足人们生产生活需求功能的重要提供者，在生态文明建设中扮演着非常重要的角色，生态文明理念贯穿水资源开发利用、水环境治理管理、水生态修复保护各个环节。因此，生态文明建设背景下开展的生态水系建设,应将水生态系统结构完整性全面改善,社会服务功能有效发挥作为生态水系建设的根本目标,始终坚持十九大提出的"人与自然共生"理念;将流域岸上产业结构优化、生产生活方式转变,河中水资源合理配置、水环境质量改善、生态退化态势扭转作为生态水系建设的主要任务,充分落实"三区三线"的流域空间规划;将流域管控能力综合提升作为生态水系建成的重要保障,全面推行统筹性河长制顶层体制设计,防止流域治理管理碎片化;提出基于满足流域绿色发展要求的生态水系建设技术模式,为流域生态文明建设提供经验支撑,推动生态文明建设的推广示范。

2.4.1.3 "山水林田湖草"生命共同体对生态水系建设的新要求

习近平总书记强调,山水林田湖草是一个生命共同体。生态是统一的自然系统,是各种自然要素相互依存而实现循环的自然链条。人的命脉在田,田的命脉在水,水的命脉在山,山的命脉在土,土的命脉在树。要按照自然生态的整体性、系统性及其内在规律,统筹考虑自然生态各要素,进行系统保护、宏观管控、综合治理,增强生态系统循环能力,维护生态平衡,这对于人类健康生存与永续发展有重要意义。"山水林田湖草是一个生命共同体"理念为新时代推进生态文明建设提供了行动指南。

流域是多属性生态系统共生的基本单元,水生态系统与其他自然要素相互依存,共同维护流域自然资源、环境。"山水林田湖草是一个生命共同体"理念要求治水过程中,应科学设计实施新路径,不断创新流域生态系统综合管理新机制,创造统筹推进流域山水林田湖草生命共同体建设的新模式,从流域角度出发,在改善水生态系统的同时,发挥水生态系统对其他自然生态要素的积极作用,例如实现流域河湖水系连通,保证河道内外生态需水,改善岸域植被状况,有效控制流域水土流失,提升农田生态水平等,遵循自然要素间的相互作用,促使各自然生态要素良性共生,提升流域整体生态功能。

2.4.2 生态河道建设原则

生态河道建设原则如下:

(1)保护生态,持续发展。尊重自然规律,保护修复河流生态系统结构,因地制宜恢复水系自然及社会功能,确保生态水系持续健康,促进流域可持续发展。

(2)水陆并重,标本兼治。流域水问题表象在水上,根源在岸上,生态水系建设必须从污染物产生—转移—降解过程,水资源分配、开发、利用、调度和回用等过程的各个环节着手,保障生态水系建设效率和效果的长效性。

（3）找准差距，精准施策。不同河段生态退化形势和原因不同，生态水系建设应针对不同河段的具体问题和功能需求，坚持问题导向，挖掘问题根源，差异化制定可行且有效的生态水系建设方案。

（4）层次推进，合理规划。生态水系是水系自身和流域其他生态因素及人类活动均得到修复、改善或限制的结果。找准生态水系建设的正确步骤，有序推进是提高构建效率、保障构建效果的关键。

2.4.3 生态河道建设理念

生态河道建设理念如下：

（1）坚持人与自然和谐共生理念。生态水系建设应遵循自然生态规律，尊重水系的自然性原则，按照水系的自然形态进行保护修复，以人与自然协调发展为目标，提升水生态系统结构和功能完整性，实现"水"与"山""林""田"等其他自然生态要素的良性共生，使生态水系建设丰富山水林田湖草生命共同体内涵。

（2）坚持"五大"发展理念。生态水系建设以符合流域特点的综合治理集成技术创新为根基，强调协调推动流域生态环境改善与社会经济发展，以实现绿色生产生活方式为流域可持续发展的最终出口，开放生态水系建设途径及成果，鼓励公众参与并促进相关成果推广应用，共享生态水系提供的优质生态产品，普惠民生。

（3）坚持"多规合一、协调一致"理念。生态水系建设涉及城市总体规划、城市排水除涝专项规划、蓝线规划、生态建设规划、环境保护规划等城市规划和水务发展规划、防洪潮规划及河道整治规划、水环境综合整治规划、水资源规划、生态保护与修复规划、水景观规划等流域规划，上述多项规划由不同的主管部门编制，内容和侧重点各不相同，必须在生态水系建设时统筹兼顾、协调一致，做到全流域一个规划文本、一张规划蓝图，保证工程建设和运行管理的顺利实施。

（4）坚持"七水共治"理念。"七水共治"就是要将水安全、水资源、水环境、水生态、水景观、水文化、水经济结合起来，各方兼顾，充分发挥挖掘水系潜力，发挥水系价值。贯彻落实"七水共治"理念，以建设安全健康、水活水清、水城交融、人水和谐的城市生态水系，实现水系景观环境与人文环境协调共生，以人为本，水景天成，景色迷人，人水和谐，实现人、水、景三元素的融通。

2.4.4 生态水系建设目标

生态水系建设优先考虑生态需求,统筹兼顾流域可持续发展需求,进行物理、化学、生物结构完整性的改善修复,提高河流自身的稳定性和抗逆性,从而使河流生态系统自然属性和社会属性功能均得到稳步恢复,促进人水和谐。

生态水系建设绝对是全面的、长期的、分阶段的,其中水质改善保障是生态水系建设的过渡期,短期的可以通过强制减排完成过渡,但是从可持续发展角度维持生态水系建设成效,必须不间断地优化人类生产生活活动,实现绿色发展。进而,功能恢复阶段则是人工助力生态系统修复、遏制生态退化趋势的关键,也是生态水系建设的重点内容,关系到生态水系建设的成败。最终,生态回归则是生态水系建设的理想状态,该目标的实现是长期的可预知的及不可预知的人类活动方式优化及生态自我修复过程的归途。

以生态水系的概念、内涵作为目标界定的主导方向,充分考虑流域发展形成的河段功能差异化的现实需求,科学按照水环境保护"三阶段"理论对河流水污染控制—水生态修复—水生态恢复的治理路径规划,分属性、分阶段制定生态水系建设目标。

(1)分属性。

结构改善应实现:充分利用流域自身水资源并合理分配外调水资源,充分发挥水系连通条件下的水循环能力,保障水系环境流量;构建稳固的河道及河滨带生态强化净化体系,提升河流自净能力和水陆交错带的拦截降解能力,提升保障水环境质量;改善河道及河岸生境质量,补充完善水生食物链结构,恢复河岸植被层次完整性和河岸稳定性,提升河流生态系统生物多样性。

功能恢复要实现:通过安全化生态化的水利工程措施和系统监管机制,全面预防水灾害发生;通过水资源优化配置结合流域绿色发展和产业结构优化,水资源利用效率及供给水平满足流域可持续发展需求;通过进一步加强污染控制,优化排污口分布和河流自净能力提升,实现水环境容量保持适量冗余;通过建设多样化人类活动频繁区域内安全亲水设施,提升保障人民亲水体验;通过构建以水系为脉络的文化长廊,串接流域内的文化宣传节点,增添水系文娱气息。

(2)分阶段。

水质改善阶段应实现:在点、面、内源得以基本控制的前提下通过开展生态强化净化措施,首先保障河流水质,推动河流向功能恢复阶段迈进。

功能恢复阶段应实现:通过直接或间接生物多样性提升,逐步改善河流自我维持能力,恢复河流各项功能。

生态回归阶段应实现:通过自我恢复为主,轻度人工干预为辅的生态恢复方式进行生态系统完整性改善,通过最严格的空间管控体制,优化限制人类活动,实现河流生态系统向自然状态的最佳稳态靠拢。

第3章 北方生态河道建设技术模式

生态河道建设技术模式是指导生态河道建设的关键技术方法,不同类型的流域在构建生态水系时需解决的关键问题和选取的技术会有所不同,分类给出具有明确适用范围的生态水系建设技术模式对于因地制宜构建生态水系具有重要参考意义。

3.1 北方生态河道建设需求

我国北方黄河流域、淮河流域、海河流域和辽河流域均为严重缺水型流域,集中展现了我国地域性缺水的问题。同时,我国水资源时空分布与人口资源、产业结构不相适应的问题,加剧了北方大部分地区水资源紧张形势,前期水利工程和水资源管理制度的发展缓解了北方地区整体的用水紧张形势,遏制了低效率、粗放型的用水压力增长,但对外调水的依赖性导致水资源保障力度不足,地区自身的水资源问题并未得到根本解决,从前期的资源型、工程型缺水问题转变为如今的资源型、水质型、结构型等复合型缺水问题。聚焦到北方缺水型中小流域,在先天水资源不足的条件下,随着社会经济的发展,出现了以下共性问题:

(1)为提升流域调蓄能力,大规模兴建水利工程。

(2)社会经济结构对应的水资源需求过盛。

(3)污染物负荷对应的水环境承载力不足。

(4)水生态退化对应的风险防控能力低下。

目前,北方缺水型流域水生态系统对地区社会经济发展的支撑力度不足,甚至为满足生态用水需要投入大量的资金用于水源保障,成为可持续发展的限制性因素。生态水系建设是流域层面系统性的治水行为,因此北方缺水型中小流域可以通过生态水系建设,进行全流域合力治水,突破流域水资源匮乏的先天性问题引发的生态缺水、水环境恶化、生物多样性减少等系列生态退化问题联合治理的难题,缓解该类型流域水资源日益紧张的局势,促进流域可持续发展。

(1)急需通过生态水系建设,优化细化流域水资源配置方式,科学界定并调控河道环境流量,最大程度地满足流域水系生态用水。

(2)急需通过生态水系建设,整体提升流域水环境质量,解决流域水质型缺水问题。

(3)急需通过生态水系建设,恢复流域水生态系统完整性,提升流域水生态风险防控能力。

3.2 生态水系建设技术模式实施路径

本书提出的北方缺水型中小流域生态水系建设技术模式是指依据"三阶段"理论的阶段性治水思路,利用河段类型划分的手段对特征流域内的共性突出问题和各河段实际问题进行分层次识别,统筹考虑生态功能和服务功能双重需求,坚持多规合一、因地制宜的原则,系统优化水资源配置和流量分配措施,整体改善流域缺水问题,分河段、分阶段设置生态水系建设其他措施,精细化构建生态水系的技术模式。该模式实施路径如图3-1所示。

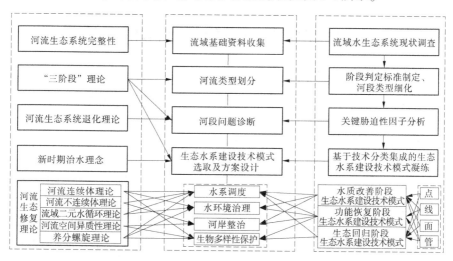

图 3-1 生态水系建设技术模式实施路径

由图3-1可知,生态水系建设技术模式实施主要包括以下4个步骤:

(1)收集流域基础资料,为河流类型划分和河段问题诊断提供数据支撑。依据河流生态系统完整性特征,通过现场监测、走访问卷、数据资料收集等方式开展流域水生态系统现状调查,获取不同水期水生态系统水文、水质、生境及生物等相关的基础数据资料。

（2）划分河流类型，为河段问题诊断和模式选取提供科学参考。划分指标可参考河流健康评价、河流退化程度评价、河流栖息地评价等相关评价指标，尤其是同类型流域选用的指标，划分结果需要能够体现流域河流的共性问题和各河段的差异性问题。

（3）诊断河段问题，为技术模式选取后具体技术方案设计提供依据。根据河段所处水生态环境保护阶段，筛选生态系统退化的关键胁迫性因子，并依据水土统筹的原则，从问题产生根源对此类因子进行深入分析，明确河段第一阶段需要重点治理的生态系统结构要素和需要重点控制的人类活动类型。

（4）根据河段类型划分结果，选定流域各河段生态水系建设技术模式，并针对每一河段问题诊断结果，以四项主要任务为支撑，设计精细化的生态水系建设方案。

由以上所述生态水系建设步骤来看，河流类型划分是开展生态水系建设的重要基础工作，而生态水系建设技术模式是精细化制定生态水系建设技术方案的关键技术指导。

3.3　北方生态河道建设技术模式分类

依据北方缺水型中小流域的特征问题及生态水系建设需求，在针对特征流域"点-线-面-管"层次性问题进行生态水系建设关键技术分类集成的基础上，以"三阶段"理论为框架，提出适用于北方缺水型中小流域的生态水系建设技术模式，以期对特征流域生态水系建设工作提供指导和参考。

目前已形成的生态水系建设技术模式多为对某一目标状态下的治水方案的经验总结，可为其他地区进行该目标治理提供参考，但由于多侧重于目标导向，模式适用性不清晰，导致模式在推广应用中对实际治水工作的指导性不足。模式分类是提升模式实际指导作用的重要手段，目前已有的生态水系建设技术模式分类多以治理对象间的类型特征差异或同功能属性的技术集成为突破口。本书提出的生态水系建设以"三阶段"理论为支撑，在统筹考虑生态水系建设水环境、水文情势、水生态、水功能等多重治理目标的前提下，坚持问题导向与目标导向并重，突出攻克水问题的全面性和阶段性。因此，生态水系建设技术模式凝练以阶段性治水思路为框架，将流域综合治理手段分类凝练为水质改善阶段治水模式、功能恢复阶段治水模式和生态回归阶段治水模式三项分模式。

从全面恢复水生态系统完整性的生态水系建设总体目标，倒推出水环境质量提升、水文情势优化、河流生境修复、生物多样性提升和生态系统功能恢复5项生态水系任务。模式即为高度凝练的用于解决某一问题的方法策略。根据北方缺水型中小流域问题特征,对各项任务的支撑技术进行层次性分类集成,并总结出适宜于不同类型河段的生态水系建设技术模式。

第4章　河道水环境治理技术

根据河道水体存在的问题,首先对目前常用的水环境治理技术进行介绍,然后按照本项目实际问题进行技术选择,最终确定技术方案。

4.1　水环境治理技术介绍

常用的水环境治理技术主要有雨水排口治理技术、内源垃圾底泥治理技术、水生态构建技术、水体微生物强化技术、纳污生态浮岛技术、挂膜生态浮床技术、生物增效技术、微纳米曝气增氧技术、生物抑藻技术、人工湿地技术、分散式污水处理技术、驳岸改造技术、补水循环技术等。各项技术措施及其限制因素简述如下。

4.1.1　雨水排口治理技术

目前,经过治理,珠泉河沿线已无直接排污口。仅有雨水排口,故本小节只介绍雨水排口治理技术。

雨水排口治理主要是在雨水口设置调蓄沉沙截流及净化设施,对初期雨水进行截留净化处理,主要分为垃圾和固体颗粒物截流器及雨水综合处理设施。

4.1.1.1　垃圾和固体颗粒物截流器

功能:在雨水排河之前将雨水颗粒物中的污染物最大限度地去除。垃圾和固体颗粒物截流器由不锈钢制成,呈筒状,布满 5 cm × 0.4 cm 的孔。可以截流雨水管网中粒径大于 0.6 cm 的垃圾和颗粒物。安装后可以确保即使在暴雨情况下,溢流到雨水管网中的垃圾和颗粒物在排河之前也可以被去除。垃圾和固体颗粒物截流器如图 4-1 所示。

该技术实施简单,占地较小,可有效截留雨水管入河垃圾、杂物及固体颗粒物。

4.1.1.2　雨水综合处理设施

功能:通过格栅的物理截留、旋流分离和吸附过滤将雨水中的颗粒物、油、重金属等污染物质去除,并有渗透滞留的作用,减少径流量,降低经历峰值。

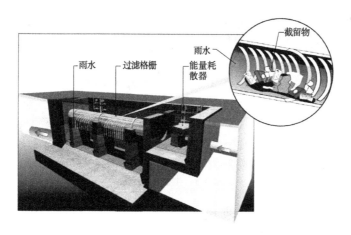

图 4-1　垃圾和固体颗粒物截流器

通过过滤和物化吸附的方式去除雨水中的有机物、油脂和重金属等污染物质。雨水综合处理设施如图 4-2 所示。

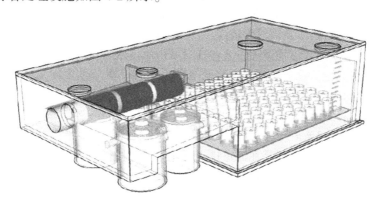

图 4-2　雨水综合处理设施

该技术需要建设场地,若输送初期雨水入污水厂,则需要另增管线投资。工程量和一次性投资大,工程实施难度大,周期长。

4.1.1.3　生态截洪池

功能:在雨水排河之前将雨水中的污染物最大限度地去除。生态截洪池如图 4-3 所示,由地面混凝土坡面、混凝土边墙、生态植物、滤料、垫层五部分组成。截流到生态截洪池中的雨水,经过池中植物以及根据一定级配填筑的滤料,可以将雨水中的垃圾和颗粒物等污染物质过滤。

该技术实施简单,占地较小,可以根据工程现场实际情况灵活布设,可有效截留雨水管入河垃圾、杂物及固体颗粒物。

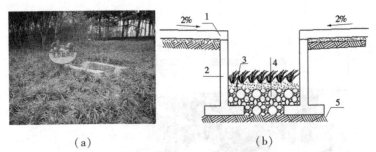

（a） （b）

1—地面混凝土坡面;2—混凝土边墙;3—生态植物;4—滤料;5—垫层

图 4-3　生态截洪池

4.1.2　内源垃圾底泥治理技术

河道内源污染主要包括河道内垃圾、动植物残体和河道底泥。

4.1.2.1　垃圾清理

垃圾清理主要对城市水体内及沿河垃圾进行清理。城市水体沿岸垃圾存放历史较长的地区,垃圾清运不彻底可能加速水体污染。

4.1.2.2　生物残体及漂浮物清理

生物残体及漂浮物清理主要包括对城市水体水生植物和岸带植物的季节性收割、季节性落叶及水面漂浮物的清理等内容。季节性生物残体和水面漂浮物清理的成本较高,监管和维护难度大。

4.1.2.3　底泥清理

1. 河道物理清淤

河道物理清淤主要是在河道排干后使用挖掘机械或者冲淤设备对淤泥进行清理,转运处理。清淤疏浚能够快速降低黑臭水体的内源污染负荷,但底泥运输和处理处置难度较大。清淤疏浚示意图见图 4-4。

图 4-4　清淤疏浚示意图

2. 底质改良原位修复技术

功能:采用底质改良型环境修复剂来原位改善底泥,使得黑臭底泥表层的有益微生物系统得到恢复,"吃"掉底泥中的黑臭污染物,改善底泥的土壤团粒结构、氧化还原电位和溶氧状况,促使黑臭底泥逐渐变为适宜水生植物存活的底质,有利于恢复水域水生态系统,同时水生植被恢复后,其根部的根际效应也会促进底质有益微生物系统对黑臭底质的分解作用。

在修复水体底泥中有机物含量较多的情况下,复合共生菌选择性激活微生物中具有快速分解有机物的微生物。通过对假单胞菌属(Pseudomonas)、微球菌属(Micrococcus)、黄杆菌属(Chryseobacterium)、不动杆菌属(Acinetobacter)等微生物的选择性激活,可以快速降解有机物分解。通过一年的生态修复,底泥中有机质含量去除率可达到50%~70%,大大降低了淤泥中有机质的含量,从而达到生物除淤的目的。生物清淤原理见图4-5。

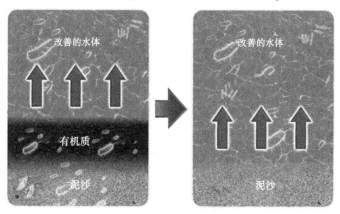

图4-5 生物清淤原理

4.1.3 水生态构建技术

水生态修复技术系统是基于复建完整、健康水生态系统的综合技术,通过对水体生态链的调控,实现水生态系统中生产者、消费者、分解者三者的有机统一,保证生态链完整稳定、物质循环流动,从而实现水域的自净。其综合治理效果远远优于目前使用的单一技术。

技术措施:完善水生态系统,以完善沉水植物及挺水植物、浮叶植物为主的植被系统(生产者),有益微生物系统(分解者)为主,提高水体的自净能力。水生态修复技术原理见图4-6。

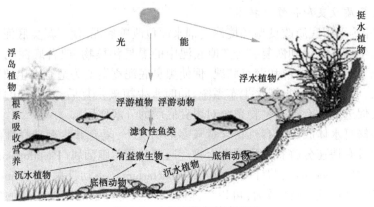

图 4-6　水生态修复技术原理

4.1.4　水体微生物强化技术

河道水体净化主要依靠微生物对污染物的降解作用来实现。水生态系统的恢复也需要从微生物生态系统的恢复开始,而在水体内的溶解氧缺少,好氧微生物大部分休眠的实际情况下,如何恢复水体溶解氧,激活土著微生物显得至关重要。当河流污染严重而又缺乏有效的微生物作用时,需要人为创造条件来强化微生物对污染物的降解作用。目前采用途径主要有两类:一是直接向河道投加酶制剂,促进土著微生物的生长;二是直接向河道投加微生物菌剂。

使用生物复合酶迅速削减水体污染负荷,改善水质,提高水体溶解氧,刺激土著微生物的大量繁殖,逐步恢复水体的微生态系统。在水体的微生态系统初步稳定后使用微生物净水剂,对水体微生态结构进行定向培养,使好氧微生物占据种群优势,提升水体的自净能力,从而改善水质。

微生物制剂技术的主要优点是能迅速提高污染介质中的微生物浓度,并可望在短期内提高污染物的生物降解速率,另外生物反应通常条件温和,投资省、费用少、消耗低,而且效果好、过程稳定、操作简便。其缺点是要保持良好的水体改善效果,需根据水体变化情况不断投加,适合封闭缓流水体。

微生物菌剂的主要成分是生物活性酶和发酵过程中的特选微生物,尤其是对激活和优化生物过滤系统的处理有特别的功效,运用于水中的富营养化、有机物污染,同时能降解底泥,净化水质。产品的优点是适应环境的能力较强,分解硝化有机物能力强。如果 pH 为 6.5～7.2,水温大于或等于 15 ℃时效果更加明显。产品特点如下:

(1)多菌种自成体系,属于兼性菌种,在厌氧和好氧状态下皆能快速见效。

(2)能适应于多种污染物的降解,提高生态系统处理能力及抗冲击能力。

（3）减少氨和硫化氢等释放，抑制腐败细菌生长，有效降低硝酸盐和氨的含量。

（4）对河道的水产及浮游生物和环境无害，促进生物的多样化，无毒、无腐蚀性。

（5）大幅减少河道臭气，有效降解河道有机质底泥，减少河道淤泥产生量。

（6）逐步建立河道良好的生态环境，净化水质，大幅降低河道生态治理成本。

4.1.5　纳污生态浮岛技术

生态浮岛是利用植物根系其附着的生物膜，通过吸附、沉淀、过滤、吸收和转化等作用，提高水体透明度，有效降低有机物、营养盐和重金属等污染物的浓度。生态浮岛是绿化技术与漂浮技术的结合体，由于安装投放较为方便，因而在当前河道生态修复中被广为使用。

生态浮岛上部浮水植物在生长过程中，根、茎、叶都需要吸收大量的氮、磷等营养元素，并且在营养水平高的水体，植物还会过多地吸收水中的营养物质，通过富集作用去除水中的营养盐。当水生植物被运移出水生生态系统时，被吸收的营养物质随之从水体中输出，从而达到净化水体的作用。生态浮岛作用见图4-7。

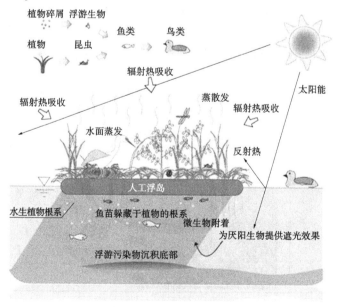

图 4-7　生态浮岛作用

纳污生态浮岛框架采用纤维强化抗紫外线的 PVC 管,内置浮力材料,将单元组用绳索装成不同面积的浮岛框架,以及高分子网状纤维作为固定植物界面,不但轻便,易于搬运施工,而且紧实、坚固,不影响行洪,同时耐久性好,便于维护。纳污生态浮岛结构及案例实景见图 4-8。

图 4-8　纳污生态浮岛结构及案例实景

依据气候条件和治理目标对水生植物进行选择,既可以降解有机物浓度及氮、磷营养盐,又要考虑到河道的美观性,可选择的水生植物有以下几种:

(1)挺水植物:菖蒲、黄花鸢尾、常绿鸢尾、美人蕉、再力花、千屈菜等。

(2)浮水植物:大聚草、香菇草。

其中,常绿水生植物为黄花鸢尾、常绿鸢尾、千屈菜、大聚草等。

部分水生植物生长习性及净水特征见表 4-1。

表 4-1　部分水生植物生长习性及净水特征

序号	植物名	植物图	生长习性	净水特性
1	水生美人蕉		喜温不耐寒,适宜水温 18~25 ℃,越冬不低于 10 ℃,适宜水深小于 20 cm	氮、磷

序号	植物名	植物图	生长习性	净水特性
2	再力花		喜温不耐寒,适宜水温 20~30 ℃,越冬不低于 10 ℃,适宜水深小于 60 cm	氮、磷
3	黄花鸢尾		喜温凉气候,耐寒性强,最适温度 16~18 ℃,越冬不低于 5 ℃,适宜水深小于 50 cm	氮、磷
4	香蒲		喜高温多湿,生长适温为 15~30 ℃,越冬不低于 9 ℃,适宜水深 20~60 cm	氮、磷
5	大聚草		喜温,耐寒,生长适温 10~30 ℃,适宜水深 20~150 cm	氮、磷、藻类
6	圆币草		喜温,耐寒,生长适温 10~30 ℃,适宜水深 20~150 cm	氮、磷、藻类

纳污生态浮岛在安装完成,于不同时间段会出现不同的现象,主要的几种现象与维护方式有以下几点:

(1)在某些情况下,人工浮岛会出现损坏,最主要的现象就是PVC管材的损坏(材质选用不合理、自然因素或人为因素造成)。当PVC管材损坏较为严重时,应当即刻更换人工浮岛框架,将植物重新移植到新的人工浮岛框架中;当PVC管材损坏较轻时,从外部很难看出损坏,同时植物不会因为PVC管材的损坏而死亡或者随意移动时,可以暂时忽视,对于部分形状效果欠佳的浮床,可适当对其进行重新拼接。

(2)对于繁殖非常茂盛的浮水植物,可以沿框架进行修剪,修剪后比较美观。修剪时注意渔网的位置,以免剪到渔网导致植物松散。

(3)对人工浮岛上植物发生的病虫害现象进行针对性的治理。

(4)进入冬季,可以将植物移除,提前将生态浮岛框架转移上岸。移除水生植物防止用力过大而导致渔网松动,不利于水生植物种植。

(5)生态浮岛的养护计划:

①日常巡查,每周巡检两次,仔细检查浮岛有无破损、松散及连接扣是否掉落等,若发现任何问题,应及时处理。

②若生态浮岛因冲击或人为原因而受到损坏,根据损坏程度对浮岛进行修补或更换,同时补种植物。

③若因水位发生变化或其他原因造成浮岛搁浅,应及时将其重新推入水中复位。

④恶劣天气,如台风、暴风雨天气及强泄洪前后两天,检查浮岛固定情况并加固。

4.1.6　挂膜生态浮床技术

植物吸收能力有限,再加上根系上微生物量和种类有限等原因,导致这种传统的浮床工艺处理效果受限。鉴于生物接触氧化工艺能恰到好处地弥补这一点不足,部分区域可采用人工浮岛+生物接触氧化的组合工艺进行处理。

生物接触氧化技术的核心在于微生物生境载体材料的选择。生物膜修复材料一般分为孔性材料、聚合物膜材料、有机/无机凝絮剂、光催化材料、氧化剂五大类,市面上常见的有仿水草式填料、辫带式填料、环状悬浮式填料、悬浮球状填料、复合式填料等。本书采用碳素纤维生态草作为与人工浮床结合的填料,经试验研究与工程运用证明,与美国的阿科蔓生态基相比较,该碳素纤维材料具有更好的水处理效果和更低的成本优势。该材料是净化受污染水域、修复水环境生态的最佳选择,能够实现环境零污染与生物安全。挂膜生态浮床及实景分别见图4-9和图4-10。

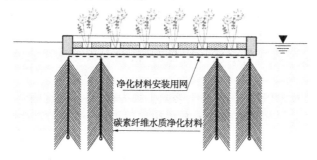

净化材料安装用网

碳素纤维水质净化材料

图4-9　挂膜生态浮床

图4-10　挂膜生态浮床实景

挂膜生态浮床耐冲击力强,净化水质的同时,可美化河道。

4.1.7　生物增效技术

生物增效技术将微生物通过一定的技术手段(如利用载体材料、包埋物质或合理控制水力条件等),固着生长,提高生物反应器内的微生物数量,从而利于反应后的固液分离,利于除氮和去除高浓度有机物,以及难以生物降解的物质,提高系统的处理能力和适应性。

生物增效技术立足于恢复、强化微生物群落来净化水体。微生物群落是水生态系统的基础生物组分,既是水体的"清道夫",降解污染物,给其他的水生生物营造健康的水环境,也是生物链的重要环节,维系正常的物质循环。

微生物(菌类、藻类、原后生动物等)是水体自然净化的主力军,河流受到污染水质变坏,也是因污染量过大超出微生物的消化能力。水质的下降导致部分生物种(包括微生物)丧失了生存环境而逐步消亡,而水生生物结构的改变反过来也助长了水环境功能下降的趋势,如此恶性循环导致水生态系统的退化。生物增效技术正是通过营造微生物的生长空间,数百、数万倍放大微生物量,使水体自然的净化能力得到大大加强,放大对污染的消化能力,切断恶性循环。不仅可体现到水质的明显改善,也是促进水生态系统的良性发展循环。

生物增效技术以培育、发展土著微生物为首要目标,这些微生物因适合于原本的水环境而具备高度的活力和持续发展的能力,既不存在因投加微生物菌可能产生的生物入侵,或因微生物死亡需反复投加,也不存在化学药剂的生物危害;因依靠微生物自发的营养消耗净化水体,不需机械清理而产生的巨大能耗或复杂运营管理要求。

生物增效技术依靠微生物的能力自然净化水体,并紧密结合水生态系统的改善及相互促进发展,因而是一项长期、生态的河流治理措施。

目前,国内外应用最成熟的生物增效技术为生物巢增效技术,该技术以生物巢为核心,同步净化水质与建立水体生态系统的生态性水体治理维护系统。生物巢是一种新型、高效的生态载体,它融合了材料学、微生物学及水体生态学等学科,采用食品级原材料,通过专利编织技术,将其制成高比表面积、高负荷的载体,是目前国内外最先进、最有效的以生态修复的方法从根本上解决水体净化问题的环保产品。

4.1.8 微纳米曝气增氧技术

微纳米气泡发生装置主要用于人工增氧,主要适用于整治后城市水体水质保持,具有水体复氧功能,可有效提升局部水体溶解氧,加大区域水体流动性。

微纳米曝气设备主要由发生装置、微纳米曝气头及连接管件组成。通过水泵加压,由曝气头内部的曝气石高速旋转,在离心力作用下,使其内部形成负压区,空气通过进气口进入负压区,在容器内部分成周边液体带和中心气体带,由高速旋转的气石出气部将空气均匀分割成直径 $5 \sim 30 \ \mu m$ 的微纳米气泡。由于气泡细小,不受空气在水中溶解度的影响,不受温度、压力等外部条件限制,可以在水中长时间停留,具有良好的气浮效果。微纳米曝气机外形及工程效果见图4-11。

（a）外形　　　　　　　　　（b）工程效果

图 4-11　微纳米曝气机外形及工程效果

4.1.9　生物抑藻技术

当河道中的 N、P 等营养盐浓度处于适宜蓝藻生长、暴发所需的最佳浓度范围,在夏季时期遇到适宜的气象等外部条件,蓝藻会出现聚集生长的现象为典型的"藻型生境"。为防范于未然,储备生物抑藻剂作为应急准备。

生物抑藻剂是从自然环境里筛选出来对藻类生长有抑制效果的微生物,经过驯化、培养、提纯而成。生物抑藻剂能快速扩散到藻细胞表面,并渗透到细胞内部破坏细胞功能性蛋白基团,使细胞蛋白质合成受到抑制,细胞正常代谢终止,最终控制藻类生长。生物抑藻剂具有以下特点:

（1）高效抑藻:抑藻能力很强,针对已经暴发水华或水绵的水体,该系列生物制剂对应系列产品对有害藻类具有 90% 以上的抑制效果。

（2）该生物产品绿色、安全、无毒,无二次污染。

该系列产品包括水绵黑苔系列生物抑制剂、水华系列生物抑制剂、浮萍系列生物抑制剂等。

4.1.10　人工湿地技术

人工湿地具有雨水的调蓄功能,且通过吸附性填料的过滤、吸附和植物根系的吸收可以大大降低雨水中的重金属、油污、TSS、氮、细菌等的含量,净化雨水中多种污染物。可置于人行道上绿化带等空间狭小地方。可种植同景观相协调植物,起到美化效果。模块化人工湿地示意图见图 4-12。

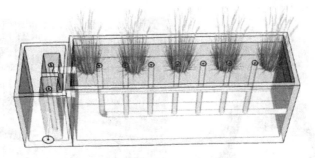

图 4-12　模块化人工湿地示意图

4.1.11　分散式污水处理技术

功能:分散式污水处理系统(一体化处理系统)对下河污水进行全面截污,处理达到准Ⅳ类排放标准,再经出水口沿岸设置的梯级湿地过滤进行后下河。分散式一体化污水处理装置和梯级湿地示意图分别见图 4-13 和图 4-14。

图 4-13　分散式一体化污水处理装置

图 4-14　梯级湿地示意图

4.1.12　驳岸改造技术

功能:硬质驳岸并不利于对地表径流的截污,会导致周边大量污染物随地表径流直接进入水体,进一步加剧水体富营养化程度。驳岸改造技术是将硬质驳岸敲掉,改造成梯形或梯田式软质生态驳岸。

生态驳岸是在保持边坡稳定的基础上,以营造边坡的生物多样性为目标,河岸、湖岸水文联系的沟通为关键,形成水-土-生物之间良性循环,构建健康平衡的边坡生态系统。采用生态驳岸护坡,能有效保持水土及对地面径流截污,保证河道行洪功能的同时打造秀美景观。生态驳岸改造类型示意图见图 4-15。

(a)蜂巢约束系驳岸　　　　　(b)环保草毯驳岸　　　　　(c)柔性生态袋

图 4-15　生态驳岸改造类型示意图

4.1.13　补水循环技术

(1)活水循环。是用于城市缓流河道水体或坑塘区域的污染治理与水质保持,可有效提高水体的流动性。水体循环要铺设输水渠,工程建设和运行成本相对较高,工程实施难度大,需要持续运行维护;河湖水系连通应进行生态风险评价。

(2)清水补给。是用于城市缺水水体的水量补充,或滞流、缓流水体的水动力改善,可有效提高水体的流动性。

4.2　技术选择原则

城市河道水体的整治应按照"控源截污、内源治理;活水循环、清水补给;水质净化、生态修复"的基本技术路线具体实施,其中控源截污和内源治理是选择其他技术类型的基础与前提。本书详细调查北蚺蜒河现状,系统分析了水体蓝藻、水草疯长暴发原因,根据北蚺蜒河城区段水体特点,因地制宜地合理确定水体整治和长效保持技术路线。本书关于北蚰蜒河城区段水环境的综合治理,总体上遵循"适用性、综合性、经济性、长效性和安全性"等原则。

(1)适用性:地域特征及水体的环境条件将直接影响水体治理的难度和工程量,需要根据水体污染原因和整治目标的不同,有针对性地选择适用的技术方法及组合。

(2)综合性:城市水体通常具有成因复杂、影响因素众多的特点,其整治技术也应具有综合性、全面性。需系统考虑不同技术措施的组合,多措并举、多管齐下,实现水体的整治。

(3)经济性:对拟选择的治理方案进行技术、经济比选,确保技术的可行性和合理性。同时,考虑河道水体后期维护费用低。

(4)长效性:水体蓝藻水草等通常具有季节性、易复发等特点,治理方案既要满足近期工程治理目标,也要兼顾远期水质进一步改善和长期保持。

(5)安全性:审慎采取投加化学药剂和生物制剂等治理技术,强化技术安全性评估,避免对水环境和水生态造成不利影响和二次污染。

4.3 主要技术选择

城市河湖景观水体是一个复杂的生态系统,影响景观水感官的因素包括物理因素(悬浮物)、藻类因素(蓝绿藻)、微生物因素(腐败菌)、化学因素(溶氧、富营养物质),单靠传统单一的技术处理是不能完全解决的,而是要采用综合技术手段,即通过构建完整的水生态系统,充分利用生态系统自净自洁(自我修复)的能力优势,才能从根本上解决城市河湖等景观水"水清""水美"的问题。因此,本书研究结合珠泉河水体特点,制定了以下总体技术方案。主要采用技术包括以下内容:

(1)控制下水的污染负荷。对直排入河湖的雨水口进行治理,削减雨水带来的外源污染负荷。

(2)对水体裸露岸坡进行生态改造。通过河道生态边坡改造,实现对地表径流的截污,同时打造美丽的河湖边坡景观。

(3)控制内源污染。内源污染主要是河道垃圾生物残体及底泥,根据河湖特点分别采用清淤或者底质改良技术对底泥进行清理或分解、改良,控制内源污染。

(4)提高水体净化能力。当入河污染量波动较大时,容易出现污染负荷高于系统净化能力的情况,因此采用生物强化处理提高系统的净化能力,主要采用高效生态浮岛工艺技术,同时采用水体微生物强化技术和生物抑藻技术保障水体水质长期稳定。

(5)重构水生态系统。从微生物系统、沉水植被群落系统、挺水浮叶植被群落系统、水生动物系统四个方面复建健康、平衡、稳定的水生态系统,完善物质流链条,恢复水体自净能力,长久保持河湖不黑不臭、水质良好、水体清澈、水景秀美。

(6)岸线改造提升景观。根据河道部分岸线景观较差的特点,采用生态驳岸改造部分河岸,提升沿河景观。

第 5 章　河道生态治理基本现状

5.1　项目背景

　　水资源与生态环境决定着人类社会的健康和可持续发展。近年来,水冶镇在治理辖区范围内的河流和水系生态环境方面做了大量的工作,虽已初见成效,但在城市水环境、城市内涝、水资源污染、水生态环境、水资源可持续的开发利用等方面仍存在诸多问题,且城市水网体系水景观建设也较为落后。列入省级水生态文明建设试点城市后,安阳市委市政府要求对市水系进行全面提升和完善。

　　水生态文明建设的目的在于:统筹合理调配用水水资源,保障工农业用水、生活用水、生态用水,在保证城市防洪安全的前提下,结合城市规划,建设自然、亲水、生态、休闲的滨水空间系统,形成"水清、流畅、岸绿、景美"的城市水系风貌,以达到社会经济与生态环境协调发展。规划建设好一个完整的、互通的、多功能的城市生态水网体系工程,对全面提高水资源调控水平,增强抗御水旱灾害能力,改善水生态环境,保障供水安全、防洪安全、粮食安全、生态安全,建设生态文明城市,提高城市品位,支撑社会经济和生态环境可持续发展具有重要意义。

　　2016 年 7 月,住建部、发改委、财政部三部委联合发布《关于开展特色小镇培育工作的通知》,提出 2020 年前,将培育 1 000 个特色小镇。围绕该指导意见,安阳市殷都区充分考虑城市水环境、城市内涝、水资源污染、水生态环境、水资源可持续的开发利用等方面,开展了"殷都区洹河水系景观暨水冶古镇保护工程一期工程的建设",工程主要建设内容有:

　　(1)珠泉河景观工程。该部分工程河道治理总长度 8.709 km,沿河两岸绿化面积 101.01 万 m²,河道蓄水建筑物 9 处。

　　(2)珍珠泉公园维修扩建工程。该部分工程主要对珍珠泉公园现有景观(含几处泉眼)进行修复,修复面积为 13.902 万 m²。

　　(3)水冶特色小镇及环城公园工程。水冶特色小镇工程总用地面积约

965亩❶,环城公园工程总面积约11.8万 m²。

珍珠泉作为珍珠泉公园的主要景观支撑,长期以来水环境保护措施相对缺乏,在夏季高温季节,由于温度、水质等各种因素的影响,珍珠泉水草生长严重失控导致泉眼水域水草无序蔓延,一方面影响了珍珠泉的水体交换,另一方面也让水域"冒珍珠泡"(安阳八景之首)的奇景难得一见,使得珍珠泉公园景观功能严重下降。珍珠泉水草生长失控见图5-1。

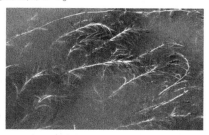

图 5-1 珍珠泉水草生长失控

同时,随着河道主体工程完工,在珠泉河治理段修建的橡胶坝及钢坝闸相继投入使用,橡胶坝的充水及钢坝闸的关闸蓄水在珠泉河河道上形成了较大的蓄水面,改变了原有河道的水力特征,造成橡胶坝和钢坝闸上游河道水域水流变缓。一方面河道水力的改变使得蓄水区局部区域水体交换变慢、水质下降;另一方面由于水体流动缓慢,大气沉降污染也在一定程度上加剧水体水质恶化。而原设计中水质保持部分由于多种原因迟迟没有实施,没能发挥既有的水质保持效用。珠泉河局部水域水质恶化见图5-2。

图 5-2 珠泉河局部水域水质恶化

根据现场调研成果,认为项目区水域目前存在的主要问题有:

(1)进入夏季后珍珠泉水草极易疯长失控,严重影响其生态景观功能。

(2)珠泉河部分蓄水水体水质恶化明显,现场调研发现水体中存在大量

---

❶ 1 亩 = 1/15 hm²,全书同。

的水绵和水草,严重地影响了水体的生态功能,一旦水绵和水草自然死亡将对水体水质造成严重的影响。

5.2 项目区概况

安阳市殷都区水冶镇位于安阳市西 20 km 处,是晋、冀、鲁、豫四省重要的商品集散地,素有"银水冶"之美称,人口 24 万。其地理位置优越,交通方便,晋豫鲁铁路纵贯南北,安林高速横贯东西,镇域内安李铁路、安林公路横贯东西,大岗公路贯穿南北。东距河南省钢铁工业基地安阳市仅 22 km,南距煤炭工业基地鹤壁市也仅 35 km,西部是矿产资源丰富的太行山区。便利的交通和举足轻重的地理位置,使水冶镇成为豫北地区重要的商品集散地和工业重镇,并被省、市确定为安阳市新型的卫星城镇。

珠泉河是卫河流域洹河的一条支流,发源于林州上台村,经原安阳县许家沟乡应阳、下庄、河西、相村,水冶西蒋、水冶镇区,于蒋村乡东蒋村入洹河,河道全长 20 km,流域面积 115 km²。流域内有豫北重镇殷都区水冶镇,水冶镇以上为季节性排洪沟,非汛期无水,在水冶镇有珍珠泉水汇入,珠泉河因此而得名。

珍珠泉位于水冶镇西 1 km 处,泉水上涌状似串串珍珠,故而得名。珍珠泉群最大涌水流量 2.32 m³/s,多年平均流量 1.48 m³/s,最大年涌水量 6 285万 m³,最小年涌水量 680 万 m³,平均年涌水量 4 457.8 万 m³。水质属 HCO_3—Ca—Mg 型,矿化度为 0.25 g/L,泉水温度 17 ℃。

珠泉河流域位于太行复背斜东翼,地势西高东低,大部分为低山丘陵区,地面平均坡度约 1/160。从省道 221(大白线)上游 5 m 处至入洹河,治理范围内河道长度为 8.738 km。珍珠泉及珠泉河位置示意图见图 5-3。

图 5-3 珍珠泉及珠泉河位置示意图

5.3 项目建设的必要性

5.3.1 国家政策与水冶镇珠泉湖至广济闸规划建设目标的统一

水环境保护事关人民群众切身利益，事关全面建成小康社会，事关实现中华民族伟大复兴中国梦。当前，我国一些地区水环境质量差、水生态受损重、环境隐患多等问题十分突出，影响和损害群众健康，不利于经济社会持续发展。为切实加大水污染防治力度，保障国家水安全，2015 年 4 月，国务院出台《水污染防治行动计划》，即"水十条"，打响了水污染治理的攻坚战。

为全面贯彻党的十八大和十八届二中、三中、四中全会精神，大力推进生态文明建设，以改善水环境质量为核心，按照"节水优先、空间均衡、系统治理、两手发力"原则，贯彻"安全、清洁、健康"方针，强化源头控制，水陆统筹、河海兼顾，对江河湖海实施分流域、分区域、分阶段科学治理，系统推进水污染防治、水生态保护和水资源管理。河南省政府办公厅下发《关于印发河南省水污染防治攻坚战 9 个实施方案的通知》，旨在彻底消除黑臭、富营养化水体，全面改善水生态环境，提高河南省人民生活环境质量。届时，水冶镇政府提出规划建设以水冶镇珠泉湖至广济闸为中心的都市绿核，打造水清、水美、水活水环境，且安逸舒适的生活环境，带动安阳经济的整体发展目标，与国家政策相呼应。

5.3.2 景观湖水生态向良性循环发展的必然选择

湖泊水环境容量与入湖污染物之间的动态关系是决定湖体水环境质量的关键因素。尤其对于新开挖湖体，水生态结构缺失，水体自净能力差，水环境容量小，且水体日交换量低，长期不断接受大气干湿沉降及地表径流挟带污染负荷的过程中，极易发生水体富营养化。因此，通过生态修复的举措，实现生态系统构建，恢复其自净能力，打造长效自净的草型清水态系统，使景观湖水生态环境向良性循环发展。

5.3.3 社会经济发展的必然要求

自古以来，河湖就是水乡城市最主要的景观网络空间，以水系为载体，挖掘水文化，发展水经济，奠定了含有河湖城市往往是一个较早、较快发展的基础。结合安阳市政府整体环境和规划，创建水清、水美、水活的水冶镇珠泉湖至广济闸环境,不仅能提高周边居民生活质量,有利于社会和谐建设,而且能够提升安阳城市形象,带动旅游业、投资业等多条经济链的形成,进而促进安阳经济发展。

为确保水冶镇珠泉湖至广济闸建成后水清景美,能够吸引周边游客,带动安阳其他产业经济链的持续发展,对水冶镇珠泉湖至广济闸建设区域实施水生态修复及景观提升工程是必不可少的环节。

第6章　项目区水污染现状调研与成因分析

水污染问题的产生离不开其自身的土壤环境和水环境。污染物通过大气沉降、废水排放、雨水淋溶与冲刷进入水体,最后沉积到底泥中并逐渐富集,使底泥受到严重污染。在河流环境中,河床沉积底泥以推移和悬浮形式输送,很大程度上导致了上覆水和沉积底泥的相互物理作用。河流有强有力的自然环境,在河流系统中趋向有利于沉积底泥的解吸作用,从而影响上覆水的水质。因此,在水质管理计划中,应该将已污染的沉积底泥作为一个污染源予以考虑,沉积底泥是河流污染的一个重要方面。

项目研究团队针对珍珠泉与珠泉河水环境问题展开表层水、上覆水中各项理化指标与氮磷营养因子指标进行深入、全面调查研究,比如 TP、NH_3—N、TOC、水体 pH、五日生化需氧量、底栖动物、高等动植物群落、浮游生物群落及底泥 TOC、pH、NH_3—N 等。揭示各项因子的时空分布特征与变化规律,分析污染成因,根据现实需要对珍珠泉污染情况进行全面调查,比如污染物的具体数量、种类,污染物的排放规律,污染物各个排放口的分布情况等,同时结合珍珠泉与珠泉河的地理特征、水文特征及水的流态、植被的分布情况、生物的实际分布状态等分析污染成因。

6.1　水质状况调查和检测

综合分析珍珠泉的实际情况,本书选取以下 9 项水质指标作为水质监测对象。其中,测定指标主要包括氨氮、总氮、总磷、COD(重铬酸钾氧化法)、溶解氧、钠离子、pH、浊度和温度。重点分析 NO_3^-、NO_2^-、NH_4^+ 及 HPO_4^{2-}、$H_2PO_4^-$ 等各形态的氮磷主要指标;水质指标监测采用野外测定和室内测定的方法相结合。

6.1.1　检测标准

水质检测标准为《地表水环境质量标准》(GB 3838—2002),本标准适用于全国领域内江河、湖泊、运河、渠道、水库等具有使用功能的地表水水域。检测基本项目极限值见表6-1。

表 6-1　检测基本项目极限值　　　　　（单位:mg/L）

序号	项目		I 类	II 类	III 类	IV 类	V 类
1	水温(℃)		人为造成的环境水温变化应限制在: 周平均最大温升≤1 周平均最大温降≤2				
2	pH(无量纲)		6~9				
3	溶解氧	≥	饱和率90% (或7.5)	6	5	3	2
4	高锰酸盐指数	≤	2	4	6	10	15
5	化学需氧量(COD)	≤	15	15	20	30	40
6	五日生化需氧量(BOD$_5$)	≤	3	3	4	6	10
7	氨氮(NH$_3$—N)	≤	0.15	0.5	1.0	1.5	2.0
8	总磷(以 P 计)	≤	0.02 (湖、库0.01)	0.1 (湖、库0.025)	0.2 (湖、库0.05)	0.3 (湖、库0.1)	0.4 (湖、库0.2)
9	总氮(湖、库,以 N 计)	≤	0.2	0.5	1.0	1.5	2.0
10	铜	≤	0.01	1.0	1.0	1.0	1.0
11	锌	≤	0.05	1.0	1.0	2.0	2.0
12	氟化物(以 F$^-$计)	≤	1.0	1.0	1.0	1.5	1.5
13	硒	≤	0.01	0.01	0.01	0.02	0.02
14	砷	≤	0.05	0.05	0.05	0.1	0.1
15	汞	≤	0.000 05	0.000 05	0.000 1	0.001	0.001
16	镉	≤	0.001	0.005	0.005	0.005	0.01
17	铬(六价)	≤	0.01	0.05	0.05	0.05	0.1
18	铅	≤	0.01	0.01	0.05	0.05	0.1
19	氰化物	≤	0.005	0.05	0.2	0.2	0.2
20	挥发酚	≤	0.002	0.002	0.005	0.01	0.1
21	石油类	≤	0.05	0.05	0.05	0.5	1.0
22	阴离子表面活性剂	≤	0.2	0.2	0.2	0.3	0.3
23	硫化物	≤	0.05	0.1	0.2	0.5	1.0
24	黄大肠菌群(个/L)	≤	200	2 000	10 000	20 000	40 000

6.1.2　水域功能和标准分类

依据地表水水域环境功能和保护目标,按功能高低依次划分为以下五类:

Ⅰ类:主要适用于源头水、国家自然保护区;水质很好。既无天然缺陷又未受人为直接污染,不需要任何处理。

Ⅱ类:主要适用于集中式生活饮用水地表水源地一级保护区、珍稀水生生物栖息地、鱼虾类产卵场、仔稚幼鱼的索饵场等。

Ⅲ类:主要适用于集中式生活饮用水地表水源地二级保护区、鱼虾类越冬场、洄游通道、水产养殖区等渔业水域及游泳区。

Ⅳ类:主要适用于一般工业用水区及人体非直接接触的娱乐用水区。

Ⅴ类:主要适用于农业用水区及一般景观要求水域。

优为Ⅰ类和Ⅱ类水质,良好为Ⅲ类水质,轻度污染为Ⅳ类水质,中度污染为Ⅴ类水质,重度污染为劣Ⅴ类水质。

6.1.3　水质指标解释

溶解氧(DO):代表溶解于水中的分子态氧。水中溶解氧指标是反映水体质量的重要指标之一,含有有机物污染的地表水,在细菌的作用下有机污染物质分解时,会消耗水中的溶解氧,使水体发黑发臭,造成鱼类、虾类等水生生物死亡。在流动性好(与空气交换好)的自然水体中,溶解氧饱和浓度与温度、气压有关,0 ℃时水中饱和氧气含量为 14.6 mg/L,25 ℃时水中饱和氧气含量为 8.25 mg/L。水体中藻类生长时,由于光合作用产生氧气,会造成表层溶解氧异常升高而超过饱和值。

pH:表征水体酸碱性的指标,pH 为 7 时表示为中性,pH 小于 7 为酸性,pH 大于 7 为碱性。天然地表水的 pH 一般为 6~9,水体中藻类生长时由于光合作用吸收二氧化碳,会造成表层 pH 升高。

水温:是一个比较特殊的物理指标。实际上对人体的健康及安全等并无直接的危害,其环境效应主要体现在两个方面:一是水温变化对水生生物的生长和发育存在着加速或抑制作用;二是水温对其他水质指标的环境效应有协同作用,比如在其他水质指标含量不变的情况下,水温升高或降低,可能会导致某些环境灾害现象的发生。

浊度:是表现水中悬浮物对光线透过时所发生的阻碍程度。水中含有泥土、粉砂、微细有机物、无机物、浮游动物和其他微生物等悬浮物和胶体物都可使水样呈现浊度。浊度值对于了解水质状况和水质处理有重要的指导意义。

COD:在水样中加入已知量的重铬酸钾溶液,并在强酸介质下以银盐作催化剂,经沸腾回流后,以试亚铁灵为指示剂,用硫酸亚铁铵滴定水样中未被还原的重铬酸钾由消耗的硫酸亚铁铵的量换算成消耗氧的质量浓度。重铬酸钾的氧化能力很强,能够较完全地氧化水中大部分有机物和无机性等还原性物质,适用于污染较严重的水样分析。

总氮:水中各种形态无机氮和有机氮的总量,包括 NO_3、NO_2 和 NH_4 等无机氮和蛋白质、氨基酸和有机胺等有机氮,以每升水含氮毫克数计算,常被用来表示水体受营养物质污染的程度。水中的总氮含量是衡量水质的重要指标之一。其测定有助于评价水体被污染和自净状况。地表水中氮、磷物质超标时,微生物大量繁殖,浮游生物生长旺盛,出现富营养化状态。

水中油:水中的油类物质主要来自于工业废水和生活污水的污染,各种油类漂浮在水体表面,影响空气与水体界面间的氧交换;分散于水体中的油类可被微生物氧化分解,从而消耗水中的溶解氧,使水质恶化。红外分光光度法不受油品种的影响,能比较准确地反映石油类的污染程度。

高锰酸盐指数:以高锰酸钾为氧化剂,处理地表水样时所消耗的量,以氧的 mg/L 来表示。在此条件下,水中的还原性无机物(亚铁盐、硫化物等)和有机污染物均可消耗高锰酸钾,常被作为地表水受有机污染物污染程度的综合指标,也称为化学需氧量的高锰酸钾法,以别于常作为废水排放监测的重铬酸钾法的化学需氧量(COD)。

氨氮:水中以游离氨(NH_3)和铵离子(NH_4^+)形式存在的氮,也称水合氨、非离子氨。非离子氨是引起水生生物毒害的主要因子。水中的氨氮受微生物作用,可分解成亚硝酸盐氮,继续分解,最终成为硝酸盐氮,此过程消耗水中DO,还会造成藻类大量繁殖,即水体富营养化、水体发臭、鱼类死亡等。

总磷:就是水体中磷元素的总含量,水样经消解后将各种形态的磷转变成正磷酸盐后测定的结果,以每升水样含磷毫克数计量。对于引发水体富营养化而言,磷的作用远大于氮的作用,水体中磷的浓度不很高时就可以引起水体的富营养化。

6.1.4　水质采样及检测方法

6.1.4.1　水质采样

根据珍珠泉和珠泉河蓄水水体的实际情况,采样时依据《水质采样技术指导》(HJ 494—2009)中水库和湖泊的采样方法执行,采样时考虑:

（1）采样地点不同和温度的分层现象可引起水质很大的差异。

（2）考虑到成层期与循环期的水质明显不同，了解循环期水质，可采集表层水样；了解成层期水质，应按深度分层采样。

（3）在调查水域污染状况时，需进行综合分析判断，抓住基本点，以取得代表性水样。如废水流入前、流入后充分混合的地点、用水地点、流出地点等，有些可参照开阔河流的采样情况，但不能等同而论。

（4）在可以直接汲水的场合，可用适当的容器采样，如水桶。从桥上等地方采样时，可将系着绳子的聚乙烯桶或带有坠子的采样瓶投于水中汲水。要注意不能混入漂浮于水面上的物质。

（5）在采集一定深度的水时，可用直立式或有机玻璃采水器。这类装置是在下沉的过程中，水就从采样器中流过。当到达预定深度时，容器能够闭合而汲取水样。在水流动缓慢的情况下，采用上述方法时，最好在采样器下系上适宜重量的坠子；当水深流急时，要系上相应重的铅鱼，并配备绞车。

6.1.4.2 检测方法

水质指标监测采用野外测定和室内测定的方法相结合，具体测量方法如下：

（1）氨氮：采样 PC-1800 紫外分光光度计测定，水杨酸分光光度法。

（2）总氮：采样 PC-1800 紫外风光光度计测定，碱性过硫酸钾紫外分光光度法。

（3）总磷：采样 PC-1800 紫外分光光度计测定，钼酸盐紫外分光光度法。

（4）COD：采样用连华科技有限公司的 5B-3C 型 COD 快速测定仪测定，运用分光光度法。

（5）溶解氧：采样用上海仪科学电仪器公司的 JPBJ-608 便携式溶解氧测定仪测定。

（6）pH：采样精密 pH 试纸和 PHSJ-4A 实验室 pH 计测定。

（7）浊度：采用上海世禄仪器公司的 1900C 浊度计测定。

（8）水温：采样温度计测定。

（9）钠离子：采用上海仪科学电仪器公司的 DWS-51 钠度计测定，电极法。

6.1.5 水质检测结果

本次咨询工作水质检测工作共采集水样 6 个，其中珍珠泉（拔剑泉）2 个，编号为 ZZQ01 和 ZZQ02；辅岩西湖（橡胶坝）2 个，编号为 FYXH01 和

FYXH02；永兴湖（钢坝闸）2 个，编号为 YXH01 和 YXH02。水质检测结果见表 6-2。

表 6-2 水质检测结果

编号	ZZQ01	ZZQ02	FYXH01	FYXH02	YXH01	YXH02
氨氮（mg/L）	0.11	0.12	1.51	1.56	1.42	1.43
总氮（mg/L）	0.18	0.18	1.54	1.60	1.54	1.52
总磷（mg/L）	0.03	0.04	0.18	0.19	0.15	0.15
COD（mg/L）	4	4	45	48	37	37
溶解氧（mg/L）	7.8	7.8	1.8	1.7	2.1	2.1
钠离子（mg/L）	60	60	126	134	156	164
pH	7.4	7.4	7.8	7.9	7.7	7.7
温度（℃）	18	17	22	22	21	21

6.2 底泥状况调查和检测

沉积物是河流、湖泊的重要组成部分，也是水体中各种有机物、重金属、营养盐等物质的储蓄地。污染物质随水流进入湖泊水库，有的被吸附累积在沉积物中，有的在间隙水中溶解。当环境地球化学条件发生变化时，沉积物中的重金属释放到水体中，随着食物链危害生态系统及人类的健康。因此，研究沉积物的污染特征对于湖泊水库生态系统的保护和管理具有重要意义。本书对珍珠泉及珠泉河的底泥进行采集并分析其 N、P、K 等营养元素的含量及重金属污染程度。

6.2.1 底泥样品采集

淤泥样本采集时，要考虑到在珍珠泉的生态环境，以及污染物的排放情况。其水体深度的不同，会使得在底部的淤泥分布也会有所区别，可以根据实际情况进行层次样品采集，或者通过混合样品以及柱状样品的采集，一般对于淤泥表面样本的采集，如果样本处在一种垂直方向时，常常使用柱状样品方法采集，进行垂直方向的变化研究。

采样器为管式采样器，将内径小于 10 cm（不宜过粗）的钢管剖开成两半，焊接上合页栓,制作成可以开合的管状采样器。钢管长度最好小于 3 m,便于车辆运输,另备长度不等的稍粗的钢管,用于深水采样器不够长时可以套在采样器上完成采样。采样时采样器应垂直插入泥中,并用榔头尽量往下打,以取到深层的黏土。

6.2.2　采样点的布置原则

对于淤泥样品的采集,主要的原则有三种,即目标可达性和代表性、经济性。第一,目标可达性说的是布置采样点能够充分地对淤泥质量评估目标的标准。第二,代表性指的是所采集的样品要能够对整个调查区域当中的淤泥某个指标或者多个指标起到很好的代表作用。第三,经济性指的是在精度及统计数达到满足的基础上,尽可能地减少采样点数量,采样区均匀分布,采样品既要降低投资费用,又要兼顾技术标准。

6.2.3　采样点的布置依据

样品采集选择采用聚集采样法,其依据如下:

(1)调查运营时采样的规模很小。

(2)有着比较可靠的相关历史资料。

(3)主要调查研究的是一些浓度超标的区域,为淤泥清理提供依据。

根据珍珠泉和珠泉河的水深及沉积物实际情况,选取彼得森抓斗式采泥器采取沉积物,样品装入干净的聚乙烯袋,排出袋中空气封口标记,保存于保温箱中,立即带回实验室进行检测。将沉积物样品运回实验室后,一部分测定含水率孔隙度,剩余的沉积物用冷干机进行冷干,剔除杂物,研磨过 100 目筛后装瓶密封,低温(4 ℃)保存待用。沉积物含水率与孔隙度的测定是先将底泥与干土分别装在体积已知的铝盒里($V = 75$ mL),将泥与干土通过滤纸倒置在一起,用石板压实,8 h 后称取装泥铝盒的质量 m_1,将样品放入温度为 105~110 ℃的烘箱中烘至恒重(约 8 h),然后在干燥器中冷却 20 min,立即称重为 m_2,计算含水率与孔隙度,计算公式为

$$含水率 = \frac{m_1 - m_2}{m_1} \times 100\% \tag{6-1}$$

$$孔隙度 = \left(\frac{\dfrac{m_1 - m_2}{\rho_水}}{V} \right) \times 100\% \tag{6-2}$$

氮磷测定方法参考《湖泊富营养化调查规范(第二版)》。Cu、Zn、Pb、Cd、

Hg、As 的测定根据中华人民共和国国家环境保护标准中《土壤和沉积物汞、砷、硒、铋、锑的测定微波消解/原子荧光法》(HJ 680—2013)来进行。

根据上述研究调查结果,筛查出珍珠泉底泥中的主要污染物,并调查分析主要污染物来源;了解底泥特征、厚度等状况,以确定是否有必要清淤及清淤评价分析。

6.2.4　样品制备与预处理

取上来的样品应分层用包装袋密封装好,贴上样品标签。每个点所取样品数应根据淤泥分层来决定,一般来说,湖底淤泥大致有 3 种性状,最上层的是不能成形的黑色泥浆,中间的是较为疏松并夹杂植物残体的黏土层,下层则是黄色的粗黏土。我们分别对 3 个层面的底泥进行取样分析,就能知道污染物渗透到了哪里、污染有多严重等。取回的样品应避免日光照射,在通风的地方阴干,这一过程视季节不同需要 7~10 d。在监测中逐步发现,样品取回后根据分析需用量把样品分成小块放在表面皿中,不时进行翻动可以节省大量时间,一般 3~5 d 就可使样品风干。风干的样品应研磨至能通过 80 目的筛子。对于制备好的样品,测定其重金属含量时要经过消解,使各种形态的金属变为一种可测态,一般采用混合酸消解的方法,如盐酸-硝酸-高氯酸。这里需要注意的是,虽然氢氟酸对样品的破坏最为彻底,但由于要使用聚四氟乙烯烧杯,反而在实际监测中不常采用。消解完后应进行过滤,滤去消解液中的残渣,防止其对仪器造成损害。

6.2.5　底泥检测方法

底泥检测项目及方法见表6-3。

表 6-3　底泥检测项目及方法

序号	检测项目	测定方法
1	有机质	《土壤检测 第 6 部分:土壤有机质的测定》(NY/T 1121.6—2006)
2	pH	《土壤检测 第 2 部分:土壤 pH 的测定》(NY/T 1121.2—2006)
3	总碱度	《城市污水处理厂污泥检验方法》(CJ/T 221—2005) 城市污泥 总碱度的测定 指示剂滴定法 6
4	含水率	《城市污水处理厂污泥检验方法》(CJ/T 221—2005) 城市污泥 含水率的测定 重量法

序号	检测项目	测定方法
5	总磷	《城市污水处理厂污泥检验方法》(CJ/T 221—2005) 氢氧化钠熔融后钼锑抗分光光度法
6	总氮	《城市污水处理厂污泥检验方法》(CJ/T 221—2005) 碱性过硫酸钾消解紫外分光光度法 49
7	总铬	铬及其化合物《城市污水处理厂污泥检验方法》(CJ/T 221—2005) 城市污泥 铬及其化合物的测定 微波高压消解后电感耦合等离子体 发射光谱法 38
8	总铅	铅及其化合物《城市污水处理厂污泥检验方法》(CJ/T 221—2005) 城市污泥 铅及其化合物的测定 微波高压消解后电感耦合等离子体 发射光谱法 29
9	总镉	镉及其化合物《城市污水处理厂污泥检验方法》(CJ/T 221—2005) 城市污泥 镉及其化合物的测定 微波高压消解后电感耦合等离子体 发射光谱法 42
10	总砷	砷及其化合物《城市污水处理厂污泥检验方法》(CJ/T 221—2005) 城市污泥 砷及其化合物的测定 微波高压消解后电感耦合等离子体 发射光谱法 46
11	总汞	汞及其化合物《城市污水处理厂污泥检验方法》(CJ/T 221—2005) 城市污泥 汞及其化合物的测定 原子荧光法
12	总钾	《城市污水处理厂污泥检验方法》(CJ/T 221—2005) 总钾的测定 微波高压消解后电感耦合等离子体发射光谱法 54
13	总铜	铜及其化合物《城市污水处理厂污泥检验方法》(CJ/T 221—2005) 城市污泥 铜及其化合物的测定 微波高压消解后电感耦合等离子体 发射光谱法 24
14	总锌	锌及其化合物《城市污水处理厂污泥检验方法》(CJ/T 221—2005) 城市污泥 锌及其化合物的测定 微波高压消解后电感耦合等离子体 发射光谱法 20

续表6-3

序号	检测项目	测定方法
15	总镍	镍及其化合物《城市污水处理厂污泥检验方法》（CJ/T 221—2005）城市污泥 镍及其化合物的测定 微波高压消解后电感耦合等离子体发射光谱法 34
16	总硼	硼及其化合物《城市污水处理厂污泥检验方法》（CJ/T 221—2005）城市污泥 硼及其化合物的测定 微波高压消解后电感耦合等离子体发射光谱法 48
17	氨氮	《土壤 氨氮、亚硝酸盐氮、硝酸盐氮的测定 氯化钾溶液提取–分光光度法》（HJ 634—2012）
18	粒径分布	《土壤检测 第3部分：土壤机械组成的测定》（NY/T 1121.3—2006）

6.2.6 底泥检测结果

本次共采集底泥样品 12 个，其中珍珠泉（拔剑泉）4 个，编号为 ZZQ01、ZZQ02、ZZQ03 和 ZZQ04；辅岩西湖（橡胶坝）4 个，编号为 FYXH01、FYXH02、FYXH03 和 FYXH04；永兴湖（钢坝闸）4 个，编号为 YXH01、YXH02、YXH03 和 YXH04。底泥检测结果见表6-4。

表6-4 底泥检测结果 （单位：mg/g）

编号	TN	TP	K	有机质
ZZQ01	0.13	0.09	3.11	0.72
ZZQ02	0.12	0.11	3.20	0.77
ZZQ03	0.12	0.08	3.17	0.69
ZZQ04	0.11	0.11	3.17	0.71
FYXH01	0.62	0.57	5.05	1.02
FYXH02	0.71	0.51	5.14	1.13
FYXH03	0.66	0.52	5.11	1.20
FYXH04	0.70	0.53	5.35	1.15

编号	TN	TP	K	有机质
YXH01	0.56	0.48	5.04	1.05
YXH02	0.55	0.45	4.91	1.10
YXH03	0.61	0.43	4.89	1.08
YXH04	0.58	0.45	5.14	1.11

6.3 主要污染源调查

珠泉河周边污染源主要为农村居民生活废水、旱厕排泄物及少量养殖废水、雨污混流等,珠泉河两岸有诸多排污管道,污水未经处理直接排入珠泉河内,项目治理实施后主要是一体化污水处理设备处理后,排放污水水质达到《城镇污水处理厂污染物排放标准》(GB 18918—2002)一级 A 标准。

6.3.1 点源调查

本次点源污染调研成果采用一体化污水处理设备工程实施前的调研成果,这样能更为真实地反映点源排污量。

经过走访勘查,珠泉河两岸每个排污口排水量为 100~1 000 m³/d 不等,排污口位置分散。珠泉河河道点源污染情况调查见表 6-5。

表 6-5 珠泉河河道点源污染情况调查

序号	排污口分布位置	污染来源	排污量(m³/d)	现场图片
1	0+350~0+700 右岸	雨污混流	1 000	

序号	排污口分布位置	污染来源	排污量 (m³/d)	现场图片
2	0+950 左岸	雨污混流	100	
3	1+400 右岸	雨污混流	500	
4	1+450~1+600 左岸	雨污混流	600	
5	1+900~2+050 左岸	雨污混流	1 000	

序号	排污口分布位置	污染来源	排污量（m³/d）	现场图片
6	2+350 右岸	雨污混流	200	
7	3+500 左岸	雨污混流	500	
8	3+400～3+600 右岸	雨污混流	1 000	
9	3+750～3+950 左岸	雨污混流	500	

序号	排污口分布位置	污染来源	排污量（m³/d）	现场图片
10	4+450~4+500 左岸	雨污混流	300	
11	4+900 左岸	雨污混流	200	
12	5+500 右岸	雨污混流	300	

6.3.2 面源调查

珠泉河地表供水由珍珠泉涌水、降水径流和污水直排三部分组成。由于珠泉河无实测流量资料，故无法用实测资料计算年径流。根据河南省水文总站 1984 年 12 月编写出版的《河南省地表水资源附图》中图 15 "河南省多年平均年径流深等值线图"得珠泉河流域多年平均年径流深为 200 mm,多年平均年径流量为 2 300 万 m³,珠泉河流域面积约为 115 km²。面源污染计算如下(只考虑农业面源污染):

按照标准农田源强系数为 COD 10 kg/(亩·a),氨氮 2 kg/(亩·a)[标准农田为平原,种植作物为小麦,土壤类型为壤土,化肥施用量为 25～35 kg/(亩·a),降水量为 400～800 mm]。将无污水处理的村庄、荒地全部折算成农田后,农田面积按 20 万亩计算,面源污染计算结果为:COD 为 0.2 万 t/a,氨氮为 0.04 万 t/a。

6.3.3 调研结果

6.3.3.1 点源污染

污水量根据统计并结合现有一体化处理站设计规模,每天污水量按照 4 200 m³ 计算,经处理后年排入河中的 COD、氨氮、总磷分别为 91.3 t、15.6 t、0.9 t。

6.3.3.2 面源污染

面源污染为:COD 为 0.2 万 t/a,氨氮为 0.04 万 t/a。

6.4 水生植物调查

分别对珍珠泉与珠泉河的沉水植物种类和优势物种进行调查。采样点布设原则主要依据湖泊流域生态水文过程的完整性、河流的水文特征和沉水植物生长状况。根据沈亚强和陈洪达等关于沉水植物调查的方法,结合研究区实际情况,将采样点布置在中间位置的 5 m² 的范围内,随机设置 3 个 0.5 m×0.5 m 的样方。用开口采集面积为 0.5 m×0.38 m 的带网沉水植物采样器,重复 3 次采集沉水植物,将采集上来的全部沉水植物分类记录各种沉水植物分别出现的次、冲洗干净,并分别称量鲜重(作为物种的生物量)。野外调查沉水植物时,沉水植物的计数较为困难,密度特征难以获得,因此根据物种的频度和生物量来确定优势度。

(1)相对频度(RF)= 该物种出现的频度/所有物种出现的频度之和×100%。

(2)相对生物量(RB)= 该物种的生物量/所有物种生物量之和×100%。

(3)相对优势度(DV)=(相对频度+相对生物量)/2×100%。

6.4.1 调研主要内容

依据《淡水生物资源调查技术规范》(DB43/T 432—2009)科学制定调研方案,对珍珠泉与珠泉河开展了水生植物调查。

6.4.1.1 调查主要内容

淡水生物资源调查主要内容如表6-6所示。

表6-6 淡水生物资源调查主要内容

调查项目	调查主要内容	
	必做	选做
水体形态与自然环境调查	地理位置及环境特征;水体大小或形态特征;集雨区、淹没区和消落区概况;环境污染状况;气候气象和水文条件	工程概况
水的理化性质调查	水温;透明度;pH	其他常规水质指标
浮游植物调查	种类组成;数量;生物量	—
大型水生植物调查	种类组成;生物量	—

6.4.1.2 样品固定

浮游植物样品立即用鲁哥氏液固定,用量为水样体积的 1%~1.5%。若样品需较长时间保存,则需加入 37%~40% 甲醛溶液,用量为水样体积的 4%。

原生动物和轮虫定性样品,除留一瓶供活体观察不固定外,固定方法同浮游植物。枝角类和桡足类定量、定性样品应立即用 37%~40% 甲醛溶液固定,用量为水样体积的 5%。

6.4.1.3 水样的沉淀和浓缩

固定后的浮游植物水样摇匀倒入固定在架子上的 1 L 沉淀器中,2 h 后将沉淀器轻轻旋转,使沉淀器壁上尽量少地附着浮游植物,再静置 24 h。充分沉淀后,用虹吸管慢慢吸去上清液。虹吸时管口要始终低于水面,流速、流量不能太大,沉淀和虹吸过程不可摇动,若搅动了底部,应重新沉淀。吸至澄清液的 1/3 时,应逐渐减缓流速,至留下含沉淀物的水样 20~25(或 30~40)mL,放入 30(或 50)mL 的定量样品瓶中。用吸出的少量上清液冲洗沉淀器 2~3 次,一并放入样品瓶中,定容到 30(或 50)mL。若样品的水量超过 30(或 50)mL,可静置 24 h 后,或到计数前再吸去超过定容刻度的余水量。浓缩后的水量多少要视浮游植物浓度大小而定,正常情况下可用透明度做参考,依据透明度确定水样浓缩体积见表6-7,浓缩标准以每个视野里有十几个藻类为宜。

表6-7　依透明度确定水样浓缩体积

透明度(cm)	1 L 水样浓缩后的水量(mL)
>100	30~50
50~100	50~100
30~50	100~500
20~30	1 000(不浓缩)
<20	>1 000(稀释)

原生动物和轮虫的计数可与浮游植物计数合用一个样品;枝角类和桡足类通常用过滤法浓缩水样。

6.4.1.4　种类鉴定

优势种类应鉴定到种,其他种类至少鉴定到属。种类鉴定除用定性样品进行观察外,微型浮游植物需吸取定量样品进行观察,但要在定量观察后进行。

6.4.1.5　浮游植物计数

1. 计数框行格法

计数前,需先核准浓缩沉淀后定量瓶中水样的实际体积,可加纯水使其成30 mL、50 mL、100 mL 等整量。然后将定量样品充分摇匀,迅速吸出 0.1 mL置于 0.1 mL 计数框内(面积 20 mm×20 mm)。盖上盖玻片后,在高倍镜下选择 3~5 行逐行计数,数量少时可全片计数。

1 L 水样中的浮游植物个数(密度)可用下列公式计算:

$$N = \frac{N_0}{N_1} \cdot \frac{V_1}{V_0} \cdot P_n \qquad (6\text{-}3)$$

式中:N 为 1 L 水样中浮游生物的数量,个/L;N_0 为计数框总格数;N_1 为计数过的方格数;V_1 为 1 L 水样经浓缩后的体积,mL;V_0 为计数框容积,mL;P_n 为计数的浮游植物个数。

2. 目镜视野法

首先应用台微尺测量所用显微镜在一定放大倍数下的视野直径,计算出面积。计数的视野应均匀分布在计数框内,每片计数视野数可按浮游植物的多少而酌情增减,一般为 50~300 个,依浮游植物数确定计算视野数见表6-8。

表 6-8　依浮游植物数确定计算视野数

浮游植物平均数(个/视野)	视野数(个)
1~2	300
2~5	200
5~10	100
>10	50

1 L 水样中浮游植物的个数(密度)可用下列公式计算:

$$N = \frac{C_s}{F_s \cdot F_n} \cdot \frac{V}{V_0} \cdot P_n \tag{6-4}$$

式中:C_s 为计算框面积,mm^2;F_s 为视野面积,mm^2;F_n 为每片计数过的视野数;V 为 1 L 水样经浓缩后的体积,mL;其他符号意义同前。

6.4.1.6　注意事项

每瓶样品计数两片取其平均值,每片结果与平均数之差不大于±15%,否则必须计数第三片,直至三片平均数与相近两数之差不超过均数的15%,这两个相近值的平均数即可视为计算结果。

浮游植物计数单位用细胞个数表示。对不易用细胞数表示的群体或丝状体,可求出平均细胞数。浮游动物计数单位用个数表示。

某些个体一部分在视野中,另一部分在视野外,这时可规定只计数上半部分或只计数下半部分。

6.4.1.7　生物量的测定

浮游植物的相对密度接近1,可直接采用体积换算成重量(湿重)。体积的测定应根据浮游植物的体型,按最近似的几何形状测量必要的长度、高度、直径等,每一种类至少随机测定50个,求出平均值,代入相应的求积公式计算出体积。此平均值乘以 1 L 水中该种藻类的数量,即得到 1 L 水中这种藻类的生物量,所有藻类生物量的和即为 1 L 水中浮游植物的生物量,单位为 mg/L 或 g/m³。

6.4.2　调研结果

6.4.2.1　珍珠泉

课题组于 2019 年 8 月对珍珠泉进行了采样工作,共采集样品 2 个,采样现场见图 6-1。

图 6-1 采样现场

根据上述采样方法,珍珠泉水生植物调研结果如下:

(1)珍珠泉共鉴定出浮游植物 146 种,分属于八大门中。在所鉴定的物种中,蓝藻门种类最多,共鉴定出 65 种,其生物量占整个物种生物量的比例为 46%;其次是绿藻的物种,共鉴定出 45 种,其生物量占整个物种生物量的比例为 30%;位于第三位的是硅藻门,共鉴定出 25 种,其生物量占整个物种生物量的比例为 11%,具体结果见表 6-9。

表 6-9 浮游植物调查结果(一)

采样点	浮游植物总量		各门浮游植物数量(生物量)占总量百分比/%							
	数量 (万个/L)	生物量 (mg/L)	蓝藻	绿藻	黄藻	硅藻	甲藻	隐藻	裸藻	其他
1	40	0.31	46	30	5	11	3	3	1	1
2	42	0.31	46	30	5	11	3	3	1	1
平均	41	0.31	46	30	5	11	3	3	1	1

(2)珍珠泉沉水植物具有:①茎伸长,有分支,呈圆柱形,表面具纵向细棱纹,质较脆。休眠芽长卵圆形;苞叶多数,螺旋状紧密排列,白色或淡黄绿色,狭披针形至披针形。②叶 4~8 枚轮生,线形或长条形,长 7~17 mm,宽 1~1.8

mm。③花单性,雌雄异株;雄佛焰苞近球形,绿色,表面具明显的纵棱纹,顶端具刺凸。果实圆柱形,表面常有 2~9 个刺状凸起。因此,可鉴定珍珠泉沉水植物为黑藻,是水鳖科黑藻属植物,为多年生沉水草本,其生物量为 3.81 kg/m²。

6.4.2.2 珠泉河

课题组于 2019 年 8 月对珠泉河的辅岩西湖和永兴湖进行了采样工作,共采集样品 4 个。

1. 辅岩西湖

辅岩西湖采样现场见图 6-2。根据上述采样方法,辅岩西湖水生植物调研结果如下:

图 6-2 辅岩西湖采样现场

(1)辅岩西湖共鉴定出浮游植物 143 种,分属于八大门中。在所鉴定的物种中,蓝藻门种类最多,共鉴定出 60 种,其生物量占整个物种生物量的比例为 44%;其次是绿藻的物种,共鉴定出 42 种,其生物量占整个物种生物量的比例为 28%;位于第三位的是硅藻门,共鉴定出 23 种,其生物量占整个物种生物量的比例为 16%,调查结果见表 6-10。

(2)辅岩西湖沉水植物具有:①茎伸长,有分支,呈圆柱形,表面具纵向细棱纹,质较脆。休眠芽长卵圆形;苞叶多数,螺旋状紧密排列,白色或淡黄绿色,狭披针形至披针形;②叶 4~8 枚轮生,线形或长条形,长 7~17 mm,宽 1~1.8 mm;③花单性,雌雄异株;雄佛焰苞近球形,绿色,表面具明显的纵棱纹,顶端具刺凸。果实圆柱形,表面常有 2~9 个刺状凸起。因此,可鉴定辅岩西湖沉水植物为黑藻,是水鳖科黑藻属植物,为多年生沉水草本,其生物量为 2.37 kg/m²。

表 6-10 浮游植物调查结果

采样点	浮游植物总量		各门浮游植物数量(生物量)占总量百分比/%							
	数量 (万个/L)	生物量 (mg/L)	蓝藻	绿藻	黄藻	硅藻	甲藻	隐藻	裸藻	其他
1	74 000	5 126.3	44	28	4	16	3	3	2	2
2	82 000	5 615.8	44	28	4	16	3	3	2	2
平均	78 000	5 371.1	44	28	4	16	3	3	2	2

（3）经鉴定，辅岩西湖挺水植物主要有蒲草、芦苇，其生物量分别为 1.77 kg/m² 和 1.08 kg/m²。

2. 永兴湖

永兴湖采样现场见图 6-3。

图 6-3 永兴湖采样现场

根据上述采样方法，永兴湖水生植物调研结果如下：

（1）永兴湖共鉴定出浮游植物 140 种，分属于八大门中。在所鉴定的物种中，蓝藻门种类最多，共鉴定出 60 种，其生物量占整个物种生物量的比例为 47%；其次是绿藻的物种，共鉴定出 39 种，其生物量占整个物种生物量的比例为 27%；位于第三位的是硅藻门，共鉴定出 24 种，其生物量占整个物种生物量的比例为 16%，调查结果见表 6-11。

表 6-11　浮游植物调查结果

采样点	浮游植物总量		各门浮游植物数量(生物量)占总量百分比(%)							
	数量 (万个/L)	生物量 (mg/L)	蓝藻	绿藻	黄藻	硅藻	甲藻	隐藻	裸藻	其他
1	65 000	4 795.1	47	27	4	16	2	2	1	1
2	73 000	5 114.6	47	27	4	16	2	2	1	1
平均	69 000	4 954.9	47	27	4	16	2	2	1	1

(2)永兴湖沉水植物具有:①茎伸长,有分支,呈圆柱形,表面具纵向细棱纹,质较脆。休眠芽长卵圆形;苞叶多数,螺旋状紧密排列,白色或淡黄绿色,狭披针形至披针形。②叶 4~8 枚轮生,线形或长条形,长 7~17 mm,宽 1~1.8 mm。③花单性,雌雄异株;雄佛焰苞近球形,绿色,表面具明显的纵棱纹,顶端具刺凸。果实圆柱形,表面常有 2~9 个刺状凸起。因此,可鉴定永兴湖沉水植物为黑藻,是水鳖科黑藻属植物,为多年生沉水草本,其生物量为 1.15 kg/m^2。

(3)经鉴定,永兴湖挺水植物主要有蒲草、芦苇,其生物量分别为 1.32 kg/m^2 和 1.13 kg/m^2。

6.5　项目区水污染成因分析

根据现场调研成果,认为项目区水域进入夏季后珍珠泉水草极易疯长失控,严重影响其生态景观功能,同时珠泉河部分蓄水水体水质恶化明显,水体中存在大量的水绵和水草,严重影响了水体的生态功能,一旦水绵和水草自然死亡,将对水体水质造成严重的影响。

导致珍珠泉水草生长失控与珠泉河水质恶化的原因是一个复杂的科学,而问题的解决需要深入分析珍珠泉水草疯长和珠泉河局部水域水质恶化的原因。

6.5.1 珍珠泉

珍珠泉主要浮游植物有蓝藻、绿藻、硅藻等八大门类,沉水植物主要为黑藻。根据各类水生植物的生长习性,结合珍珠泉的自身实际情况和周边环境,对珍珠泉水生植物疯长进行成因分析。

6.5.1.1 营养物质

国内外学者经过研究认为,植物修复技术能有效地治理富营养化水体,具有低成本、高效益的优势。植物不仅可以通过吸附、沉降等物理作用净化水质,而且对水体中富营养化的氮、磷等营养物质有很强的吸收能力,转化为自身物质的同时,还能调节水生生态系统的循环速度,抑制藻类繁殖,能够在一定程度上改善水体环境。沉水植物是植物修复技术中重要的净化材料,是水环境生态系统的重要组成部分,主要通过自身的代谢和微生物的共同作用吸收富营养化水体中的氮、磷等有害物质,同时抵制低等藻类的生长。

孔祥龙等研究表明,苦草属的植物对水体中氮、磷具有较强的净化能力。任文君等研究了蓖齿眼子菜、竹叶眼子菜、金鱼藻和黑藻 4 种植物对白洋淀富营养化水体的净化效果,其中黑藻的除磷效果最佳,金鱼藻的除氮效果最优。刘丹丹等研究表明伊乐藻具有较强的吸收富集能力。李琳等的研究表明,密刺苦草、金鱼藻、黑藻和伊乐藻对水体中 TN、TP 均有较好的净化效果,去除率分别可达到 86.14%、83.52%。当前,有关沉水植物在净化污水中的作用已被试验和实践证明,而且研究还发现多种植物的合理搭配组合能够提高氮和磷的去除效率,并发挥其最大净化潜力。

根据上述多位学者的研究成果可知,TN、TP 的存在可以促进密刺苦草、金鱼藻、黑藻等沉水植物的生长,而珍珠泉泉水及底泥中 TN、TP 的含量较高,这应证了较高含量 TN、TP 是珍珠泉黑藻疯长的一个重要原因。

6.5.1.2 环境因素

水冶是个工业大镇。在计划经济时代,曾是安阳县乃至安阳地区的工业基地,镇内拥有省、市、县属企事业单位 120 余家,最辉煌时,经济总量和财政收入占到过全县的 70%。现有工商企业 2 981 家(户)、工业企业 181 家,其中较大型的钢铁冶炼企业 6 家、建材企业 5 家、轻纺企业 3 家,限额以上企业 50 家。

较为发达的工业尤其是钢铁冶炼企业,在其生产过程中会产生大量的粉尘,一方面粉尘直接降落至水面增加水体营养物质,另一方面降落至泉水周边区域的粉尘,在降水发生时雨水挟带粉尘流入泉水水体增加水体营养物质,增加了珍珠泉 TN、TP 含量,这也是造成珍珠泉黑藻疯长的一个原因。

6.5.1.3 内在因素

珍珠泉水生生态系统的不完善也是珍珠泉黑藻疯长的一个原因,匮乏水体的生物群落,以及失衡的食物链,导致水体自净能力差,水体富营养化,从而造成藻类疯长。

一个健康的水生生态系统应当是:光合细菌(Rhodospirillaceae)、芽孢杆菌(Bacillus)、产碱杆菌属(Alcaligenes)、聚磷菌等微生物活跃,其中聚磷菌在耗氧环境下大量繁殖,吸收水体中溶解性的磷转移至体内,从而快速降低水体中的磷含量;大量繁殖的芽孢杆菌、产碱杆菌属等微生物通过有氧反硝化(AD)、同步硝化反硝化(SNDP)等作用将水体中的氮、磷等富营养化物质转化成可被浮游生物及水体植物吸收的营养物质,促使水体中轮虫类、枝角类和桡足类数量明显增加,同时这些微生物在繁殖和生长过程中产生的次级代谢产物,能够促进植物的生长,水生植物又为微生物及水生动物提供活动场所及食物,丰富生态结构,建立起"大鱼吃小鱼、小鱼吃虾米"的良性食物链,进一步通过高效的食物链将水体中氮、磷浓度降低,提高水体自净能力,达到持续改善水质的作用。

6.5.2 珠泉河

珠泉河水域中辅岩西湖与永兴湖水污染的成因基本一致,这里以永兴湖为例来说明其成因。

6.5.2.1 营养物质

国内外学者经过研究认为,植物修复技术能有效地治理富营养化水体,具有低成本、高效益的优势。植物不仅可以通过吸附、沉降等物理作用净化水质,而且对水体中富营养化的氮、磷等营养物质有很强的吸收能力,转化为自身物质的同时,还能调节水生生态系统的循环速度,抑制藻类繁殖,能够在一定程度上改善水体环境。沉水植物是植物修复技术中重要的净化材料,是水环境生态系统的重要组成部分,主要通过自身的代谢和微生物的共同作用吸收富营养化水体中的氮、磷等有害物质,同时抵制低等藻类的生长。

孔祥龙等研究表明,苦草属的植物对水体中氮、磷具有较强的净化能力。任文君等研究了蓖齿眼子菜、竹叶眼子菜、金鱼藻和黑藻 4 种植物对白洋淀富营养化水体的净化效果,其中黑藻的除磷效果最佳,金鱼藻的除氮效果最优。刘丹丹等研究表明伊乐藻具有较强的吸收富集能力。李琳等的研究表明，密刺苦草、金鱼藻、黑藻和伊乐藻对水体中 TN、TP 均有较好的净化效果，去除率分别可达到 86.14%、83.52%。当前，有关沉水植物在净化污水中的作用已被试验和实践证明，而且研究还发现多种植物的合理搭配组合能够提高氮和磷的去除效率，并发挥其最大净化潜力。

根据上述多位学者的研究成果可知，TN、TP 的存在可以促进密刺苦草、金鱼藻、黑藻等沉水植物以及水生浮游藻类的生长，而永兴湖水体及底泥中 TN、TP 的含量较高，这应证了较高含量 TN、TP 是永兴湖黑藻疯长和藻类暴发的一个重要原因。

6.5.2.2 环境因素

水冶是个工业大镇。在计划经济时代，曾是安阳县乃至安阳地区的工业基地，镇内拥有省、市、县属企事业单位 120 余家，最辉煌时，经济总量和财政收入占到过全县的 70%。现有工商企业 2 981 家(户)、工业企业 181 家，其中较大型的钢铁冶炼企业 6 家、建材企业 5 家、轻纺企业 3 家，限额以上企业 50 家。

较为发达的工业尤其是钢铁冶炼企业，在其生产过程中会产生大量的粉尘，一方面粉尘直接降落至水面增加水体营养物质，另一方面降落至泉水周边区域的粉尘，在降水发生时雨水挟带粉尘流入永兴湖水体增加水体营养物质，增加了永兴湖 TN、TP 含量，这也是造成永兴湖黑藻疯长的一个原因。

另外一个原因是整个项目中的一体化处理设备，处理后的中水排放至珠泉河也增加了永兴湖的 TN、TP 含量，造成了永兴湖黑藻疯长和藻类暴发。

6.5.2.3 流域水文因素

1. 设计暴雨推求

利用小南海雨量站年最大 1 h 雨量与年最大 2 h 雨量的比值关系，来分析计算水冶雨量站年最大 1 h 雨量均值。水冶雨量站、小南海雨量站实测雨量系列见表 6-12。

由表 6-12 看出，小南海雨量站 1981~2007 年年最大 1 h 雨量均值 $\overline{H_1}$ 及年最大 2 h 雨量均值 $\overline{H_2}$ 分别为 42.0 mm、58.3 mm，比例系数 $A = \overline{H_1}/\overline{H_2} = 0.72$。本次取水冶雨量站 $\overline{H_1}/\overline{H_2} = 0.70$，计算得 $\overline{H_1} = 31.2$ mm。

表 6-12　水冶雨量站、小南海雨量站实测雨量系列(1981~2007 年)

年份	水冶雨量站	小南海雨量站	
	H_2(mm)	H_1(mm)	H_2(mm)
1981	19.8	26.1	26.2
1982	96.4	53.3	97.0
1983	47.8	48.2	50.5
1984	37.0	50.1	64.3
1985	59.0	18.2	32.3
1986	45.8	22.2	23.9
1987	66.5	38.6	55.7
1988	18.0	41.7	55.1
1989	70.8	58.3	105.2
1990	26.8	63.1	63.1
1991	29.8	31.4	39.9
1992	19.3	33.7	42.6
1993	33.7	34.4	56.5
1994	110.5	58.3	79.0
1995	52.7	69.5	79.1
1996	102.0	79.4	110.0
1997	28.7	28.0	43.1
1998	55.0	36.5	38.3
1999	44.2	54.8	83.0
2000	29.1	40.4	75.1
2001	43.1	55.9	79.9
2002	16.1	14.0	14.1
2003	19.0	25.2	25.2
2004	27.2	22.9	41.0
2005	21.5	37.6	37.6
2006	39.5	33.1	36.0
2007	45.4	60.4	120.5
均值	44.6	42.0	58.3

1）设计点雨量

设计点雨量采用下式计算：

$$H_{t_p} = \overline{H_t} \cdot K_p \qquad (6\text{-}5)$$

式中：H_{t_p} 为 t 时段设计频率为 p 的点雨量，mm；$\overline{H_t}$ 为 t 时段点雨量均值，mm；K_p 为频率为 p 的模比系数，由雨量变差系数 C_v 查皮尔逊Ⅲ型曲线 K_p 值表求得，偏态系数 $C_s = 3.5 C_v$。

C_v 由1984年《河南省中小流域设计暴雨洪水图集》（简称《84图集》）图5"河南省年最大1h点雨量变差系数图"在流域重心处读取，得 $C_v = 0.55$；查《84图集》"皮尔逊Ⅲ型曲线的模比系数 K_p 值表"，得5年一遇 $K_p = 1.34$，20年一遇 $K_p = 2.10$。

将以上数值代入上述公式，得5年一遇设计1h点雨量值为41.8 mm，20年一遇设计1h点雨量值为65.5 mm，计算结果见表6-13。

表6-13　设计点雨量查算

流域	设计频率	$\overline{H_1}$(mm)	C_v	C_s/C_v	K_p	$H_{1_{20}}$(mm)
珠泉河	5年一遇	31.2	0.55	3.5	1.34	41.8
	20年一遇	31.2	0.55	3.5	2.10	65.5

2）设计面雨量

珠泉河流域属水文分区Ⅵ，查《84图集》图24"短历时与暴雨时面深（$t-F-\alpha$）关系图"，求得1h暴雨的点面折减系数，乘以设计点雨量即得设计面雨量，查算结果见表6-14。

表6-14　设计面雨量查算

设计频率	点面折减系数 α	设计点雨量(mm)	设计面雨量(mm)
5年一遇	0.825	41.8	34.49
20年一遇	0.825	65.5	54.05

3）暴雨递减指数

按照历时关系暴雨递减指数分为三段：1h以下为 n_1，1~6h 为 n_2，6~24h 为 n_3，本次不考虑频率的变化及暴雨点面关系的影响，直接从《84图集》$\overline{n_1}$、$\overline{n_2}$、$\overline{n_3}$ 等直线图上查得，查算结果见表6-15。

表 6-15 暴雨递减指数

设计频率	参考图集	n_1	n_2	n_3
5 年一遇	《84 图集》	0.55	0.75	0.75
20 年一遇	《84 图集》	0.55	0.75	0.75

2. 设计洪峰流量推求

珠泉河流域面积小于 200 km²，洪峰流量计算按《84 图集》中的推理公式法，流域特征参数从 1/1 万、1/5 万地形图上量得。

基本公式如下：

$$\begin{cases} Q_m = 0.278\varphi \dfrac{S_p}{\tau^n}F \\[2mm] \varphi = 1 - \dfrac{\mu}{S_p}\tau^n \\[2mm] \tau = 0.278\dfrac{L}{mJ^{1/3}Q_m^{1/4}} \end{cases} \tag{6-6}$$

式中：Q_m 为设计洪峰流量，m³/s；φ 为洪峰径流系数；τ 为洪峰汇流时间，h；F 为流域面积，km²；L 为干流长度，km；J 为干流平均比降，取 1/160；S_p 为设计频率最大 1 h 雨量平均强度，mm/h；n 为设计暴雨递减指数；μ 为平均入渗率，本流域属省水文分区 Ⅵ 区，μ 取 6 mm/h；m 为汇流参数，由《84 图集》中"$\theta-m$"相关线查得。

设计洪峰流量计算结果见表 6-16。

表 6-16 设计洪峰流量计算结果

频率	流域分区	分区面积（km²）	S_p（mm/h）	μ（mm/h）	τ	φ	Q（m³/s）
5 年一遇	珠泉河汇入口以上	84	34.49	6	3.65	0.599	165.0
	入河口以上	115	34.49	6	4.20	0.490	184.0
20 年一遇	珠泉河汇入口以上	84	54.05	6	2.255	0.796	546.0
	入河口以上	115	54.05	6	2.911	0.753	587.0

珠泉河流域面积 115 km²,20 年一遇洪水洪峰流量为 587 m³/s,同时根据 1984 年 12 月编写出版的《河南省地表水资源附图》中图 15"河南省多年平均年径流深等值线图"得珠泉河流域多年平均年径流深为 200 mm,多年平均径流量为 2 300 万 m³,结合实地调研资料,珠泉河流域降水主要为集中高强度降水,这样的降水类型强度大、历时短,极易产生冲刷地表的降水径流,挟沙能力较强。

6.5.2.4 水力条件因素

永兴湖是永兴钢坝闸蓄水形成的,永兴湖的蓄水极大地改变了原有河道的水力条件,本次咨询研究工作,采用 MIKE 21 对永兴湖现状水力情况进行了分析研究,模型构建如下。

1. 一维水动力模型

一维河网非恒定模型分析计算主干河道水位,研究区域产流直接排入河道反映其水量。

非湖体河道,水力计算采用一维非恒定流计算方法,建立一维河网非恒定流数学模型,根据河道断面尺寸、坡降等几何特征,上游及支流流量过程,流域降水过程和下游河道水位变化过程,进行各种工况组合,逐时逐段计算河道水位、流量及排涝区域的降水、水位变化过程。

圣维南偏微分方程组为

$$
\begin{cases}
B\dfrac{\partial z}{\partial t} + \dfrac{\partial Q}{\partial s} = q \\[2mm]
\dfrac{1}{g}\dfrac{\partial v}{\partial t} + \dfrac{\partial}{\partial s}\left(z + \dfrac{v^2}{2g}\right) + \dfrac{Q\,|\,Q\,|}{F^2 K^2} = 0
\end{cases}
\tag{6-7}
$$

式中:z、Q、F、v 和 K 分别为某一时刻 t 及在某一空间位置 s 断面的水位、流量、相应过水断面面积、断面平均流速和流量模数;q 为单位河长旁侧流量。

本小节数学模型考虑河道、围区、闸、桥梁等因素,能适用于河道洪流演进影响的定量分析计算。

2. 二维水动力模型

与一维数学模型相比,二维模型能够提供更加详细的水情信息,是溃堤洪水、溃坝洪水等洪水分析时常用的技术手段。

MIKE 21 是一个专业的工程软件包,用于模拟河流、湖泊、河口、海湾、海岸及海洋的水流、波浪、泥沙及环境。MIKE 21 为工程应用、海岸管理及规划提供了完备、有效的设计环境。高级图形用户界面与高级引擎的结合使得 MIKE 21 在世界范围内成为专业水利工程技术人员不可缺少的工具。

利用 MIKE 21 二维水动力模块建立二维水力计算模型。

二维模型的控制方程如下：

$$\begin{cases} \dfrac{\partial \zeta}{\partial t}+\dfrac{\partial p}{\partial x}+\dfrac{\partial q}{\partial y}=\dfrac{\partial d}{\partial t} \\[2mm] \dfrac{\partial p}{\partial t}+\dfrac{\partial}{\partial x}\left(\dfrac{p^2}{h}\right)+\dfrac{\partial}{\partial y}\left(\dfrac{pq}{h}\right)+gh\dfrac{\partial \zeta}{\partial x}+\dfrac{gp\sqrt{p^2+q^2}}{C^2\cdot h^2}-\dfrac{1}{\rho_w}\left[\dfrac{\partial}{\partial x}(h\tau_{xx})+\dfrac{\partial}{\partial y}(h\tau_{xy})\right]- \\[2mm] \varOmega_q-f(V)V_x+\dfrac{h}{\rho_w}\dfrac{\partial}{\partial x}(p_a)=0 \\[2mm] \dfrac{\partial p}{\partial t}+\dfrac{\partial}{\partial y}\left(\dfrac{q^2}{h}\right)+\dfrac{\partial}{\partial x}\left(\dfrac{pq}{h}\right)+gh\dfrac{\partial \zeta}{\partial y}+\dfrac{gq\sqrt{p^2+q^2}}{C^2\cdot h^2}-\dfrac{1}{\rho_w}\left[\dfrac{\partial}{\partial y}(h\tau_{yy})+\dfrac{\partial}{\partial x}(h\tau_{xy})\right]+ \\[2mm] \varOmega_p-f(V)V_y+\dfrac{h}{\rho_w}\dfrac{\partial}{\partial xy}(p_a)=0 \end{cases}$$

式中：$h(x,y,t)$ 为水深，m，$h(x,y,t)=\zeta-d$；$d(x,y,t)$ 为水深随时间变化，m；$\zeta(x,y,t)$ 为水面高程，m；$p,q(x,y,t)$ 为在 x,y 向的单位流量，$\text{m}^3/(\text{s}\cdot\text{m})$，$p,q(x,y,z)=(uh,vh)$；$(u,v)$ 为 x,y 向的平均流速；$C(x,y)$ 为薛齐阻力，$\text{m}^{1/2}/\text{s}$；g 为重力加速度，m/s^2；$f(V)$ 为风摩阻；$V,V_X,V_Y(x,y,t)$ 为风速及在 x,y 向的组成，m/s；$\varOmega(x,y)$ 为科里奥利参数，取决于纬度，s^{-1}；$p_a(x,y,t)$ 为大气压力，$\text{kg}/(\text{m}\cdot\text{s}^2)$；$\rho_w$ 为水的密度，kg/m^3；x,y 为空间坐标，m；t 为时间，s。

3. 一、二维耦合模型

MIKE FLOOD 是 MIKE 系列软件模块，它能动态耦合一维、二维水动力仿真。这种新方法结合了目前广泛应用的洪水模型软件 MIKE 11 及 MIKE 21 中的元素，并且专门为了进行各种不同情况下洪水模拟改进了相应的功能。这样的组合保证了很高的灵活性，用户可以放大分析使用二维模型区域的一部分，而在其他区域与一维模型进行仿真。MIKE FLOOD 提供了有效的河流和水库之间的动态连接，海洋和内陆水道、内陆湖湾连接。

采用一维、二维动态耦合的模型 MIKE FLOOD 进行模拟。一维、二维模型的连接方式采取标准连接的方式，也就是说一维及二维模型连接是建立在一维水动力模型的一个分支与二维水动力模型的一些网格单元或者是 FM 模块的单元接口。使用 MIKE FLOOD 平台将一维、二维模型动态耦合起来，建立流量演进耦合模型，计算河道流量演进。图 6-4～图 6-7 为模型构建过程，图 6-8 为永兴湖流速模拟结果。

图 6-4　模型构建过程一

图 6-5　模型构建过程二

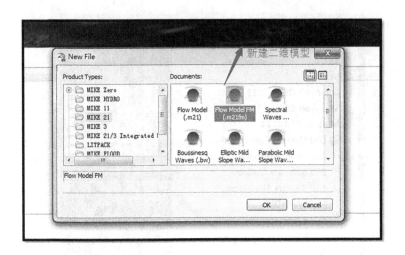

图 6-6　模型构建过程三

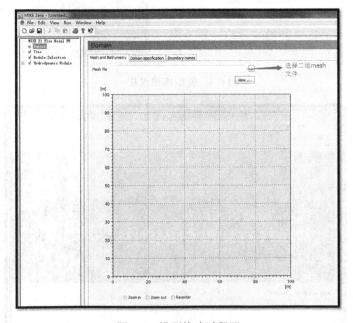

图 6-7　模型构建过程四

　　根据流速模拟计算结果,永兴湖河道中间流速不足 0.2 m/s,岸边尤其是栈道区域其流速几乎为 0,水流速度的改变,降低了水体氧气交换,从而降低了水体自净能力,这也是造成永兴湖黑藻疯长和藻类暴发的一个重要原因。

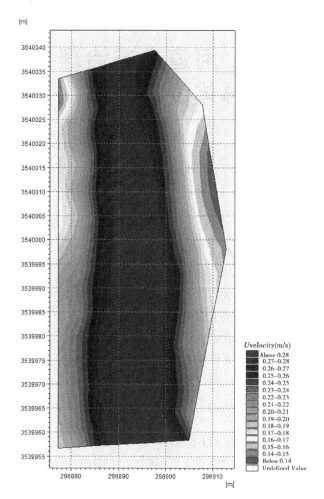

图 6-8　永兴湖流速模拟结果

第7章 河道生态治理工程总体设计方案

7.1 设计依据

7.1.1 法律及规划

(1)《中华人民共和国水法》(2002)。

(2)《中华人民共和国环境保护法》(2015)。

(3)《中华人民共和国水污染防治法》(2008)。

(4)《中华人民共和国水土保持法》(2010)。

(5)《中华人民共和国清洁生产促进法》(2012)。

(6)《中华人民共和国城市规划法》(2008)。

(7)《水污染防治行动计划》(水十条,2015)。

7.1.2 技术标准及规范

(1)《室外排水设计规范》(GB 50014—2006)。

(2)《生态环境状况评价技术规范(试行)》(HJ/T 192—2006)。

(3)《污水综合排放标准》(GB 8978—1996)。

(4)《地表水环境质量标准》(GB 3838—2002)。

(5)《水域纳污能力计算规程》(GB/T 25173—2010)。

(6)《园林设计施工技术手册之植栽规范》。

7.1.3 相关资料

(1)珠泉湖至广济闸平面总图。

(2)项目区域规划图及资料。

7.2　设计原则

(1)生态与安全原则:本工程实施过程中所用的微生物、挺水植物和水草(沉水植物)无外来物种,不会造成生态风险。

(2)技术可行与经济最优原则:水生态处理技术不但要求具有先进性,而且必须考虑优先使用投入成本和运行费用总和相对较低。

(3)生物多样性原则:通过本工程的实施,生物多样性得到恢复并有所增加。

(4)趣味与吸引原则:通过水生态修复,营建亲水活动空间及项目,塑造具有趣味性和吸引力的生态水景观。

(5)低影响开发原则:针对现场已有条件,采用生态修复方法提升水体水质及景观,将工程对现状生境造成的影响降到最低。

7.3　设计思路

针对项目水体存在水质较差、水体相对封闭、生态系统脆弱、自净能力差等一系列问题,本方案基于相关建设规划,着重从水体生态修复和景观节点打造两方面进行,实现项目水体水质改善与景观提升的目标。

技术方案拟采用菌酶共生控导水生态修复技术为关键技术,并采取相关底泥活化等辅助措施进行水质净化治理,且适当放养底栖动物、鱼类等水生动物,使生态系统更加稳定。另外,通过良性水生态和优美水环境的打造,助力形成集娱乐、休闲、旅游和文化等功能于一体的珠泉湖至广济闸河道长廊。

7.4　主要计算理论方法

7.4.1　一维和二维水动力学耦合模型

本次研究主要采用一维和二维水动力学耦合模型,一维河网非恒定模型分析计算主干河道水位,研究区域产流直接排入河道反映其水量。与一维数学模型相比,二维模型能够提供更加详细的水情信息,是溃堤洪水、溃坝洪水等洪水分析时常用的技术手段。

MIKE FLOOD 是 MIKE 系列软件模块,它能动态地耦合一维、二维水动力仿真。这种新方法结合了目前广泛应用的洪水模型软件 MIKE 11 及 MIKE 21 中的元素,并且专门为了进行各种不同情况下洪水模拟改进了相应的功能。这样的组合保证了很高的灵活性,用户可以放大分析使用二维模型区域的一部分,而在其他区域与一维模型进行仿真。MIKE FLOOD 提供了有效的河流和水库之间的动态连接,海洋和内陆水道、内陆湖湾连接。

采用一维、二维动态耦合的模型 MIKE FLOOD 进行模拟。一维、二维模型的连接方式采取标准连接的方式,也就是说一维及二维模型连接是建立在一维水动力模型的一个分支与二维水动力模型的一些网格单元或者是 FM 模块的单元接口。使用 MIKE FLOOD 平台将一维、二维模型动态耦合起来,建立流量演进耦合模型,计算河道流量演进。

7.4.2 水质检测

本次咨询工作测定指标主要包括氨氮、总氮、总磷、COD(重铬酸钾氧化法)、溶解氧、钠离子、pH、浊度和温度。重点分析 NO_3^-、NO_2^-、NH_4^+ 及 HPO_4^{2-}、$H_2PO_4^-$ 等各形态的氮磷主要指标;水质指标监测采用野外测定和室内测定的方法相结合。水质检测标准采用《地表水环境质量标准》(GB 3838—2002),本标准适用于全国领域内江河、湖泊、运河、渠道、水库等具有使用功能的地表水水域。

水质指标监测采用野外测定和室内测定的方法相结合,具体测量方法如下:

(1)氨氮。采样 PC-1800 紫外分光光度计测定,水杨酸分光光度法。

(2)总氮。采样 PC-1800 紫外风光光度计测定,碱性过硫酸钾紫外分光光度法。

(3)总磷。采样 PC-1800 紫外分光光度计测定,钼酸盐紫外分光光度法。

(4)COD。采样用连华科技有限公司的 5B-3C 型 COD 快速测定仪测定,运用分光光度法。

(5)溶解氧。采样用上海仪科学电仪器公司的 JPBJ-608 便携式溶解氧测定仪测定。

(6)pH。采样精密 pH 试纸和 PHSJ-4A 实验室 pH 计测定。

(7)浊度。采用上海世禄仪器公司的 1900C 浊度计测定。

(8)水温。采样温度计测定。

(9)钠离子。采用上海仪科学电仪器公司的 DWS-51 钠度计测定,电极法。

7.4.3 底泥检测

对珍珠泉及珠泉河的底泥进行采集并分析其 N、P、K 等营养元素的含量及重金属污染程度。底泥检测项目及方法见表 7-1。

表 7-1 底泥检测项目及方法

序号	检测项目	测定方法
1	有机质	《土壤检测 第 6 部分:土壤有机质的测定》(NY/T 1121.6—2006)
2	pH	《土壤检测 第 2 部分:土壤 pH 的测定》(NY/T 1121.2—2006)
3	总碱度	《城市污水处理厂污泥检验方法》(CJ/T 221—2005) 城市污泥 总碱度的测定 指示剂滴定法 6
4	含水率	《城市污水处理厂污泥检验方法》(CJ/T 221—2005) 城市污泥 含水率的测定 重量法
5	总磷	《城市污水处理厂污泥检验方法》(CJ/T 221—2005) 氢氧化钠熔融后钼锑抗分光光度法
6	总氮	《城市污水处理厂污泥检验方法》(CJ/T 221—2005) 碱性过硫酸钾消解紫外分光光度法 49
7	总铬	铬及其化合物《城市污水处理厂污泥检验方法》(CJ/T 221—2005) 城市污泥 铬及其化合物的测定 微波高压消解后电感耦合等离子体发射光谱法 38
8	总铅	铅及其化合物《城市污水处理厂污泥检验方法》(CJ/T 221—2005) 城市污泥 铅及其化合物的测定 微波高压消解后电感耦合等离子体发射光谱法 29
9	总镉	镉及其化合物《城市污水处理厂污泥检验方法》(CJ/T 221—2005) 城市污泥 镉及其化合物的测定 微波高压消解后电感耦合等离子体发射光谱法 42
10	总砷	砷及其化合物《城市污水处理厂污泥检验方法》(CJ/T 221—2005) 城市污泥 砷及其化合物的测定 微波高压消解后电感耦合等离子体发射光谱法 46
11	总汞	汞及其化合物《城市污水处理厂污泥检验方法》(CJ/T 221—2005) 城市污泥 汞及其化合物的测定 原子荧光法
12	总钾	《城市污水处理厂污泥检验方法》(CJ/T 221—2005) 总钾的测定 微波高压消解后电感耦合等离子体发射光谱法 54

序号	检测项目	测定方法
13	总铜	铜及其化合物《城市污水处理厂污泥检验方法》(CJ/T 221—2005)城市污泥 铜及其化合物的测定 微波高压消解后电感耦合等离子体发射光谱法 24
14	总锌	锌及其化合物《城市污水处理厂污泥检验方法》(CJ/T 221—2005)城市污泥 锌及其化合物的测定 微波高压消解后电感耦合等离子体发射光谱法 20
15	总镍	镍及其化合物《城市污水处理厂污泥检验方法》(CJ/T 221—2005)城市污泥 镍及其化合物的测定 微波高压消解后电感耦合等离子体发射光谱法 34
16	总硼	硼及其化合物《城市污水处理厂污泥检验方法》(CJ/T 221—2005)城市污泥 硼及其化合物的测定 微波高压消解后电感耦合等离子体发射光谱法 48
17	氨氮	《土壤 氨氮、亚硝酸盐氮、硝酸盐氮的测定 氯化钾溶液提取-分光光度法》(HJ 634—2012)
18	粒径分布	《土壤检测 第3部分:土壤机械组成的测定》(NY/T 1121.3—2006)

7.5 技术路线

以资料收集、现场情况及污染源调查分析为基础,全面描述项目区域水环境现状及潜在污染源等。针对项目水体水环境面临的主要问题,结合本书核心技术,拟从水质保障、生态修复、景观提升、长效管理等方面开展珠泉湖至广济闸公园水体协同治理。

根据珠泉湖至广济闸区域水环境综合分析,利用菌酶共生控导水生态修复技术,构建沉水植物群落,对水体深度净化、恢复湖区自净能力;结合项目水体功能定位及后期规划,对重点水景观节点进行提升;对构建后的系统进行后期维护及应急维护,实现水质的长效保持。

具体的技术路线如图 7-1 所示。

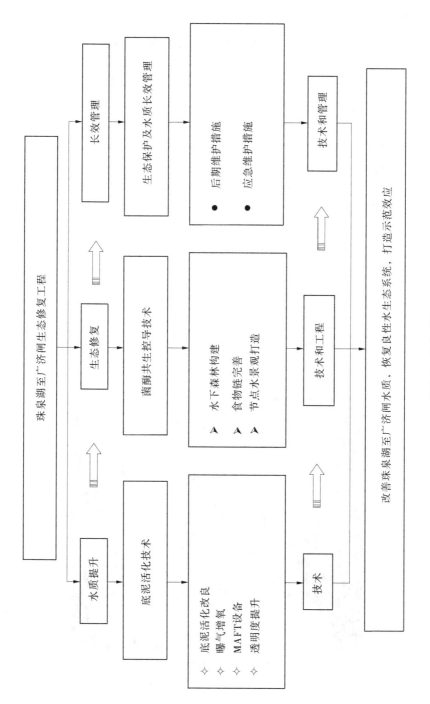

图 7-1 技术路线

7.6　关键技术原理及简介

　　浅水湖泊生态系统往往存在两种稳定状态：一种是以水生高等植物为主的清水态（Clear Water State）；另一种是以浮游植物占优势的浑水态（Turbid Water State）。从其他生态学特征看，浑水态湖泊的鱼类往往以食浮游动物和底栖动物的鱼类为主；而清水态湖泊的鱼类种类较多，包括肉食性鱼类。在营养水平较低时，湖泊只有一个稳定状态，就是清水态。随着营养盐的增加，湖泊出现浑水态的可能性增加，当营养盐达到一定水平时，清水态就消失，出现浑水态，而这种浑水态相当稳定。

　　维持健康良好的水生生态系统，应实现水域生态系统中生产者（水生植物）、消费者（鱼类等）、分解者（微生物）的合理配置（见图7-2）。

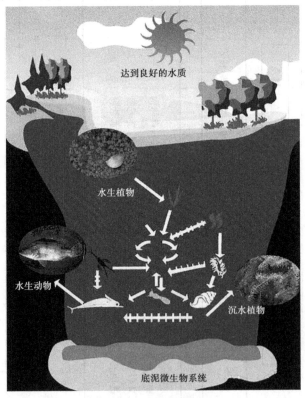

图 7-2　水域生态系统

7.6.1　生产者

在良好的光热条件和营养条件下,水生植物大量繁殖,部分氮、磷营养物质得到吸收降解,某些植物的根系还能分泌出克藻物质,起到抑制藻类生长的作用。植物的枝叶和根系可以成为自然的过滤层,能截获大量的悬浮物质,对水生态系统的物理、化学以及生物特性亦能产生积极影响。

挺水植物是水生植物的重要组成部分,主要靠根系吸收部分淤泥中的营养物质,光合作用所需碳源来自空气中的 CO_2,产生 O_2 直接排入大气,对水体本身直接净化能力较弱。浮叶植物从根系和浮叶背面吸收水体和淤泥中营养物质,但碳源也主要来自大气,产生具备净化力的 O_2 通过浮叶大部分进入大气;对上层水体有一定净化力。

沉水植物是维持水体生态系统稳定与生态多样性的基础,是浅水水体生态修复的关键与核心。沉水植物的根系及整个叶面直接吸收水体和淤泥中的营养物质,所需碳源直接从水体中吸收,产生的 O_2 直接自下而上对整个水体产生巨大的净化力,其作用见图 7-3。

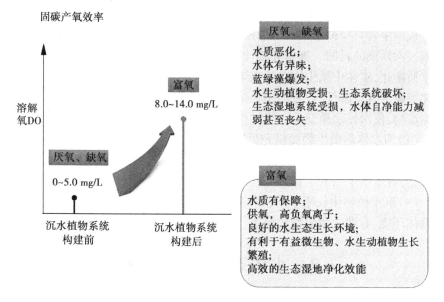

图 7-3　沉水植物群落的作用

7.6.2　消费者

鱼类(消费者)是水域生态系统的组成部分,在生态系统扮演着重要的角色:

（1）鱼类可以通过摄食控制其食物生物种群的数量，并沿食物链下传，影响食物链中的各个环节，产生所谓的下行效应。

（2）鱼类通过排泄、释放，加速水体营养盐的循环，增加内源负荷通量。

（3）鱼类的摄食活动可以影响湖泊沉积物的再悬浮，增加水体的浑浊度、降低水体光照、影响水生植物生长，摄食活动还会直接破坏水生植物着根等。因此，水体生态修复必须考虑鱼类群落结构的合理性，鱼类调控是湖泊水生态系统构建的重要方面。

7.6.3　分解者

分解者又称"还原者"，是异养生物，包括原核生物（细菌、放线菌和蓝细菌）、真核生物（真菌和微型藻类）、非细胞生物（病毒类）。微生物具有体积小、表面积大、繁殖力惊人等特点，能不断与周围环境快速进行物质交换。在该技术系统中有益细菌、微型动物为主的微生物主导着对水体净化，微生物净化污水实际就是通过微生物的新陈代谢活动，将污水中的有机物分解。微生物能从污水中摄取糖、蛋白质、脂肪、淀粉及其他有机化合物作为微生物的营养物质，经过一系列的酶促反应，这些有机物在微生物体内得到分解利用，有些合成微生物自身的结构和功能物质，有些则为微生物提供所需的能量，从而达到去除污染的目的。据研究统计分析，一般正常河道或湖泊等水环境中，对于水质净化，水体中微生物去除效果占65%~70%。在富营养化湖泊中，由于水体溶解氧含量降低，好氧的硝化细菌减少，相应的厌氧菌增加，形成含硫的代谢产物，使水体水质变差。通过构建水下森林：

（1）为水体内微生物提供充足氧气。

（2）水下森林的构建能够抑制蓝绿藻等微囊藻类的滋生，能够改善水体环境，为有益微生物的生长繁殖提供良好的环境。

（3）沉水植物生长于水中，根、茎、叶全部处于水底，为微生物提供了良好的载体环境，有助于微生物的聚集。

7.7　水生态修复设计方案

7.7.1　前期工程

水冶镇珠泉湖至广济闸在水生态系统修复前，对项目区域内枯枝落叶、周边生活、建筑等垃圾进行打捞清理及外运处置，前期清理工程珠泉湖至广济闸。

7.7.2 底泥活化改良

沉积底泥是河流污染的一个重要方面,根据对珠泉湖至广济闸底泥的检测发现,分析了珠泉湖至广济闸河流底泥的污染现状是由长期大量的水生植物的腐烂、生活垃圾及生活污水排入形成的,主要成分是有机物,针对河流底泥现状,本书采用了菌酶共生技术,投放大量微生物,微生物大量繁殖过程当中消耗淤泥中的 N、P 等有机物,从而达到消减底泥的效果。

淤泥中有机物分解原理如下:

在修复水体底泥中有机物含量较多的情况下,复合共生菌选择性激活微生物中具有快速分解有机物的微生物。通过对假单胞菌属(Pseudomonas)、微球菌属(Micrococcus)、黄杆菌属(Chryseobacterium)、不动杆菌属(Acinetobacter)等微生物的选择性激活,可以快速降解有机物分解。通过一年的生态修复,底泥中有机质含量去除率可达到 50%~70%,大大降低了淤泥中有机质的含量,从而达到生物除淤的目的,其原理见图 7-4。

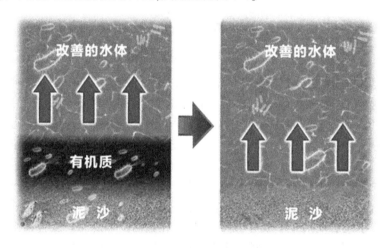

图 7-4 生物清淤原理

7.7.3 微生物系统构建

菌酶共生控导水生态修复技术(菌酶共生技术)是指在受损的生态系统的基础上,通过对水环境中的微生物的选择性激活,使得微生物在大量繁殖的过程中消耗水体中的氮、磷等富营养物质,同时利用部分微生物的有氧反硝化作用和动植物的促生作用,对生态系统进行原位修复和提升,大幅增加生态系统的自净功能,从而达到污染物原位转移、水质提升的目的。菌酶共生技术是一种生态系统的立体、全方位的整体修复技术,不仅可以消除水体发黑发臭现象,而且可以抑制藻类的生长繁殖;不仅可以降低水体中的 N、P、COD 浓度,而且可以提高水域生态系统的自我修复能力。水生态系统构建技术原理见图7-5。

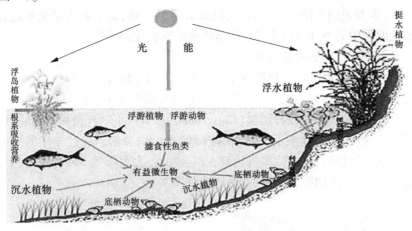

图7-5 水生态系统构建技术原理

菌酶共生控导水生态修复技术(菌酶共生技术)是目前国际最前沿的生物修复技术,它完美地结合了科技与自然的力量,对环境起到安全保护作用。本技术包含多种微生物复合修复生物环保制剂(复合菌修复剂)、生物酶活性催化制剂(生物酶活性剂)等一系列高科技微生物环保制剂,成百倍地提高了微生物治理污染的效率,使用效果比传统的生物酶类或者传统的微生物类产品有质的飞跃。

复合菌修复剂系列产品采用纯天然高效菌种复合而成,完全经过菌种自然选择,不添加任何化学成分,是高科技的纯生物技术产品。复合菌修复剂系列产品由五大核心菌群83种共生有益菌,根据水生态修复需要按共生原则组合配置而成(见图7-6),主要产品为由8种菌的自然微生物经过自然选择组成的纯生物复合制剂。其中,五大核心菌群包括芽孢杆菌(分解、降解能力超强)、光合细菌(分解、吸收臭源物质)、酵母菌(自身合成营养物质)、丝状真菌(产促细胞分裂活性物质)、乳酸菌(产酸类物质)等;83种共生有益菌抑制腐败其代谢互为基质,为各自创造良好的生态环境,形成互生共长关系,菌种集群内各种微生物更活跃,发挥协同作用。

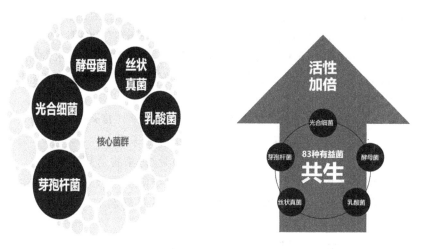

图 7-6 复合菌修复剂包含五大核心菌群 83 种共生有益菌

酶(生物酶活性剂)的加入,极大地提高了处理有机污染物的能力。酶是一种能量巨大的生物催化剂。进入处理设施后,首先起作用的是酶,它把难以被微生物直接吸收降解的大分子有机物、长分子链或复杂的结构(如脂肪链、蛋白质、苯环、萘结构等)迅速分割,使其变为无毒性的小分子链物质,以便于微生物吸收降解。正是由于酶的分解作用,微生物降解有机物的效率大大提高。

营养物质和矿物盐的加入,使微生物在处理系统中得到更加平衡、充足的营养供应,在处理系统中保持旺盛活力和高增殖状态。在可生化性比较差、有机污染物浓度较高的污水及恶臭污染的治理方面,显示出它独特的优越性。

7.7.4 菌酶共生技术用量分析

根据项目研究成果,珠泉湖至广济闸共鉴定出浮游植物 146 种,分属于八大门中。在所鉴定的物种中,蓝藻门种类最多,共鉴定出 65 种,其生物量占整个物种生物量的比例为 46%;其次是绿藻,共鉴定出 45 种,其生物量占整个物种生物量的比例为 30%;位于第三位的是硅藻门,共鉴定出 25 种,其生物量占整个物种生物量的比例为 11%。

针对珠泉湖至广济闸现状,拟采用菌酶共生技术,特别是其中的复合菌修复剂和生物酶活性剂,可有效抑制水中浮游植物数量并促进特定的挺水植物和沉水植物的生长。已有研究表明:当水中浮游植物的数量超过 40 万个/L 时,容易爆发藻类,引起水体富营养化;当控制浮游植物数量低于 5 万个/L 时,藻类生长可得到有效地抑制,便于构建良性水生态循环系统。

根据河道的数据分析,珠泉湖至广济闸 82 682/m²。因菌藻共生技术在 12 个月内消耗的污染量大于水体污染负荷减去水环境容量的值,故此水体生态修复 12 个月后可以实现主要指标 COD、氨氮、总磷达到Ⅳ类水的标准,且随着生态修复的进行,后续水质会逐渐变得更好,水绵不再爆发,水生杂草得到有效控制。

$$复合菌修复剂用量=计算系数×水域面积×水域深度×治理时间×$$
$$复合菌修复剂消耗速率×修正系数$$
$$计算系数=实际需要削减污染物量/污染物消耗量$$

其中,修正系数的范围为 0.3~3,与外源污染的情况及水利条件、生态系统恢复情况等因素有关,一般由经验取值;生态修复剂消耗速率的取值见表 7-2。

表 7-2 不同水质状况下菌藻共生剂的消耗速率 v

污染物浓度(mg/L)			复合菌修复剂消耗速率
COD	NH$_3$—N	TP	[mg/(L·h)]
>40	>2	>0.4	0.007 1
>40	>2	0.3~0.4	0.006 6
>40	>2	<0.3	0.006 5
30~40	>2	>0.4	0.006 2
30~40	>2	0.3~0.4	0.006 0
30~40	>2	<0.3	0.005 6
<30	>2	>0.4	0.006 1
<30	>2	0.3~0.4	0.005 9
<30	>2	<0.3	0.005 4
>40	1.5~2	>0.4	0.006 1
>40	1.5~2	0.3~0.4	0.005 9
>40	1.5~2	<0.3	0.005 2

污染物浓度(mg/L)			复合菌修复剂消耗速率
COD	NH$_3$—N	TP	[mg/(L·h)]
30~40	1.5~2	>0.4	0.005 8
30~40	1.5~2	0.3~0.4	0.005 5
30~40	1.5~2	<0.3	0.005 3
<30	1.5~2	>0.4	0.005 9
<30	1.5~2	0.3~0.4	0.005 6
<30	1.5~2	<0.3	0.005 1
>40	<1.5	>0.4	0.005 7
>40	<1.5	0.3~0.4	0.005 4
>40	<1.5	<0.3	0.005 0
30~40	<1.5	>0.4	0.005 1
30~40	<1.5	0.3~0.4	0.004 9
30~40	<1.5	<0.3	0.004 7
<30	<1.5	>0.4	0.004 9
<30	<1.5	0.3~0.4	0.004 6
<30	<1.5	<0.3	0.004 2

珠泉湖至广济闸用量计算:

CO$_{计算系数}$ = 6 033 371 g/1.7(g/m^3/h)/82 682 m^3/365 d/24 h=0.004 9

氨氮$_{计算系数}$ = 1 901 272 g/1.75(g/m^3/h)/82 682 m^3/365 d/24 h =0.001 5

总磷$_{计算系数}$ = 1 564 475 g/1.8 (g/m^3/h)/82 682 m^3/365 d/24 h =0.001 2

经研究,其中生物酶活性剂配合复合共生菌的用量配比按照1:1使用,基于此,结合以往水生态修复工程实践经验,针对珠泉湖至广济闸生态现状,拟采取分批次投放复合菌修复剂和生物酶活性剂。经核算,珠泉湖至广济闸复合菌修复剂和生物酶活性剂每次投放量分别为 9 640 L(复合共生菌投放密度为 50~80 mL/m²)、9 640 L(生物酶活性剂投放密度为 30~70 mL/m),投放范围涵盖整个修复区,根据水体断面水质状况分段投放,遇暴雨、持续阴天及突发污染事件时补投。复合菌修复剂投放时间如下:

(1)施工初期:在投放微生物后,沉水植物种植前,投加复合菌修复剂,加速水体净化,为沉水植物群落的生长构建良好、澄清的水体环境。

(2)施工中期:在沉水植物种植完毕后,投加复合菌修复剂,迅速提高水体透明度,为沉水植物光合作用提供良好的条件。

(3)维护期:若遇暴雨等极端天气,或者污染物突然排放等问题,投加复合菌修复剂,加速水体净化,维护水体生态系统稳定。

复合菌修复剂投放示意图见图 7-7。

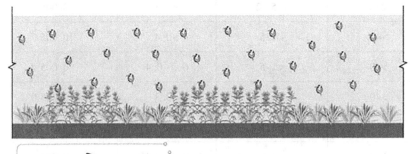

说明:复合菌修复剂为全水域投放,投放密度和投放量根据现场水质和实际情况而定,能够促进水体在生态构建初期维持一定的透明度,维持生态系统稳定。

图 7-7 复合菌修复剂投放示意图

7.7.5 透明度提升

复合菌修复剂能够捕食富营养化水体中的藻类、有机颗粒等,迅速提高水体透明度,改善水下光照条件,促进水下生态系统的恢复或构建。

7.7.6 曝气增氧

考虑到项目水体总容量、功能定位及水环境现状,设计在珠泉湖至广济闸较宽阔水域处布设曝气喷泉 3 套,其功率均为 1.5 kW。此外,通过上述设备促进水体循环,以应对其水体相对封闭、流动性差现状,同时提高水体氧化还原电位,削减耗氧性物质,增强水体的净化功能,减轻水体污染负荷,促进生态系统的恢复。

7.7.7　沉水植物群落构建工程

本书水体净化系统的核心是建立以沉水植物为主的健康水生态系统,使水体由"藻型浊水态"转变为"草型清水态",且效果长久保持。

沉水植物是水下生态系统的主要组成部分,它不但能构建优美的水下森林景观,而且是实现从浊水态到清水态转变的关键物种。在浮叶植物、漂浮植物、沉水植物、挺水植物4种生态型水生植物中,沉水植物对富营养化水体的综合净化效果最佳。沉水植物能够高效地吸收氮、磷等物质;光合作用强,能够产生大量的原生氧,可长久保持水体高溶氧状态;改变水体氮、磷营养盐循环模式,抑制底泥再悬浮及氮、磷营养盐的释放,促进氮的硝化/反硝化作用及磷的沉降;为浮游动物提供避难所,增强生态系统对浮游植物的控制以及系统的自净能力。

7.7.7.1　配置原则

(1)四季常绿,耐低温、耐盐、耐高温、耐弱光。

(2)净化效果好,去污能力强。选择对氮、磷等污染物有净化率高的品种。

(3)景观效果好。充分考虑水下空间、层次,实现水下沉水植物景观化。

(4)季节与空间搭配原则。根据研究区域气候水文特征,选择不同类型的品种进行搭配,在季节转换过程中要选择适应当地气候的品种,并根据空间情况(如底质等)进行搭配,实现水下沉水植物一年四季的自然更替和生物多样性。

(5)生态安全。防止外来物种入侵,以广布种和本土种为主。

(6)便于管理。选择的品种容易管理,减少维护工作量。

7.7.7.2　配置种类

沉水植物作为水环境生态修复的重要环节之一,合理配置沉水植物能够促进水环境现状的改善,考虑到项目水体周边环境情况,本方案选用沉水植物为四季常绿矮型苦草,改善珠泉湖至广济闸水质的同时,提升一定的景观性。

7.7.7.3　配置设计

本次项目水体包括珠泉湖至广济闸几个部分,根据实际工况条件和总容量进行如下设计。

结合当地对珠泉湖至广济闸及周边的相关建设规划,将其分为浅水过渡区、深水区和生态湿地区三个方面,对应地做出以下配置规划:

（1）浅水过渡区：配置四季常绿矮型苦草沉水植物，具有较强的耐污、耐冲刷能力；基于水体由浅到深的特点，结合珠泉湖至广济闸沿线生态砖和草皮铺设，在该水域范围内由浅及深依次种植四季常绿矮型苦草，以确保沉水植物有较高存活率。

（2）深水区：规划建设中，此区域水深最大可达 3.5 m，布设曝气喷泉提升水中的含氧量。

（3）生态湿地区：正常情况下，湿地水深为 0.5 m 左右，东岸沿线水较浅且水位易波动，故东岸沿线种植美人蕉、香蒲等挺水植物，靠近主湖区配置少量沉水植物。

7.7.8　食物链完善工程

大型底栖生物在水生态系统物质循环与流动中具有特殊的地位和作用，如螺类、青虾等，可以摄食底质中大量的有机质及腐败的水生植物残体等，大幅度降低底质中有机质含量及营养物质的释放。同时，大型螺类等释放的某些物质又是水体中天然的絮凝剂，可以降低水中的悬浮物颗粒并吸附大量的氮、磷营养盐。因此，出于对良性水生态系统的构建及水质保护的需要，构建合理的水生动物群落和健康的食物网是十分必要的。

7.7.8.1　水生动物的选择原则

大型底栖动物的选择原则如下：

（1）摄食习性。螺类的牧食活动有效地去除了植物表面的附生生物覆盖层，降低植物的光照限制及其与附生藻类的营养盐竞争等有害影响，从而促进了水生植物的生长；虾类的牧食作用可以加快底质中有机质、腐败的水生植物残体分解。

（2）生态安全。为防止外来物种入侵带来生态灾害，本方案主要选用驯化改良的净化效果较好的本土品种。

7.7.8.2　水生动物的选择与投放

选择广泛分布的水生动物河虾类，通过其滤食性作用，加快有机质、水生植物残体分解及抑制藻类生长等，可促进"草型清水态"生态系统的构建。同时，适当投放黑鱼，利用黑鱼的摄食习性控制其他鱼类的数量，保证系统的稳定性。

水生动物简介见表 7-3。

表 7-3　水生动物简介

名称	图片	生长特性	优点
河虾类（以青虾为例）		学名日本沼虾。形态特征：青虾体形粗短，整个身体由头胸部和腹部两部分构成，营底栖生活，喜欢栖息在水草丛生的缓流处	栖息水深从 1~2 m 到 6~7 m 不等，主要食物为植物碎屑、浮游生物、腐烂菜类、饭粒
鲢鱼		鲢鱼味甘、性平、无毒，其肉质鲜嫩、营养丰富，分布在全国各大水系。鲢鱼是人工饲养的大型淡水鱼，生长快、疾病少、产量高	生存水温为 0~41 ℃，最适水温为 16~30 ℃。当春季水温达到 8 ℃以上时，常在水体中上层活动；夏令季节活动于水体的上层；秋季水温下降到 6 ℃以下时，游动缓慢，常潜伏于水深处；冬季水温接近 0 ℃时，则蛰居在水底底泥中停食不动

7.7.9　景观节点打造

结合珠泉湖至广济闸项目建设规划,本方案设计采用"净水型+景观型沉水植物"合理搭配,通过优化沉水植物布局,强化水下景观效果,打造四季常绿的水下森林。沉水植物构建完成后,湖体从"藻型浊水态"转变为"草型清水态",水体透明度显著提升,沉水植被覆盖,形成水体清澈、水草丰茂的"水下森林"景观。

具体规划如下:

(1)项目范围全段:以具有强耐污能力的四季常绿矮型苦草为主。

(2)边上种植菖蒲、再力花、梭鱼草、美人蕉及香蒲等。

沉水植物见图7-8。

(a)近景　　　　　　　　　　　　　　　　　(b)远景

图7-8　沉水植物

7.7.10　亲水景观带

结合现场调查情况,引水渠全线沿岸自然土坡,坡比约为1:8,适宜栽种挺水植物,增加渠道整体美观性,提高生物多样性的同时,对面源污染起到一定削减作用。

本方案选用种植高度、花色不同,且兼具净水能力的景观型挺水植物,主要为菖蒲、再力花、梭鱼草、美人蕉、芦竹、千屈菜及香蒲,提升水域滨岸带景观,同时结合当地气候,配合季相,打造"幻影四季,滨岸花海"的多彩滨湖景观带。届时,项目水域在"复合菌修复剂控藻引导的水体生态修复技术"的治理下,水体透明度极大提高,水下水草悠悠,宛若碧玉;湖体滨岸带,花开四季,似虹似锦,繁盛非凡;碧玉倒映繁花,犹如镜面双城,获得极高的立体景观效果。亲水景观带及挺水植物见图7-9、表7-4。

图 7-9　亲水景观带

表 7-4　挺水植物简介

名称	图片	特点
菖蒲		菖蒲是多年生草本植物。根茎横走,稍扁,分枝,直径 5~10 mm,外皮黄褐色,芳香,肉质根多数,长 5~6 cm,具毛发状须根,花期 6~9 月
再力花		再力花为多年生挺水植物,叶基生,4~6 片;叶柄较长,40~80 cm,下部鞘状,基部略膨大,叶柄顶端和基部红褐色或淡黄褐色;叶片卵状披针形至长椭圆形,长 20~50 cm,宽 10~20 cm,花期 6~9 月
美人蕉		美人蕉为多年生宿根草本,原产于印度、南美、东南亚,在本地区数量众多,景观效果好,生物量大,且无入侵性,可酌情使用。岸边种植陆生美人蕉,河中种植水生美人蕉,2~3 芽/丛,10 丛/m²,花期 6~9 月

名称	图片	特点
梭鱼草		梭鱼草属多年生挺水或湿生草本植物,株高可达 150 cm,地茎叶丛生,圆筒形叶柄呈绿色,叶片较大,深绿色,表面光滑,叶形多变,但多为倒卵状披针形。花葶直立,通常高出叶面,穗状花序顶生,每条穗上密密地簇拥着几十朵至上百朵蓝紫色圆形小花,上方两花瓣各有两个黄绿色斑点,质地半透明,5~10 月开花结果
香蒲		多年生水生或沼生草本植物,根状茎乳白色,地上茎粗壮,向上渐细,叶片条形,叶鞘抱茎,雌雄花序紧密连接,果皮具长形褐色斑点。种子褐色,微弯。花果期 5~8 月
芦竹		具发达根状茎。秆粗大直立,坚韧,具多数节,常生分枝。叶鞘长于节间,无毛或颈部具长柔毛;叶舌截平,先端具短纤毛;叶片扁平,上面与边缘微粗糙,基部白色,抱茎。圆锥花序极大型,分枝稠密,斜升;背面中部以下密生长柔毛,两侧上部具短柔毛,颖果细小黑色。花果期 9~12 月
千屈菜		千屈菜属多年生草本植物,根茎横卧于地下,粗壮;茎直立,多分枝,全株青绿色,略被粗毛或密被绒毛,枝通常具 4 棱。叶对生或三叶轮生,披针形或阔披针形,顶端钝形或短尖,基部圆形或心形,有时略抱茎,全缘,无柄。花组成小聚伞花序,簇生,因花梗及总梗极短,因此花枝全形似一大型穗状花序

水冶镇基础设施建设十分滞后,产业结构单一、环境污染严重,尤其是沿河水生态环境未得到充分开发利用,影响千年古镇形象和人民群众生活质量的提升,不利于经济结构的调整和产业的升级。

安阳市殷都区,针对上述问题启动了《安阳市殷都区水生态暨水冶特色小镇项目一期工程》,目前项目工程主体已经基本完工,很大程度上改善了原有环境,修复了古镇水生态系统,美化了河道两岸环境,殷都区的城市形象得到了较大改变和提升。项目的实施在一定程度上改变了项目区原有产汇流过程以及水域的水力条件,也带来了一些不良的影响,主要表现为:一方面,珍珠泉水草生长失控,严重影响"安阳八景之首"形象;另一方面,珠泉河水质恶化,造成水绵等水生植物无序疯长,给在水域周边区域休闲娱乐的市民带来感观上的不适。

第8章 河道水环境治理方案

藻类对水质造成的不良后果主要表现是散发恶臭气味、产生毒素和消毒副产物的前体物;某些藻类在一定的环境条件下产生藻毒素,直接危害人体及生物健康。目前,水体藻类控制和去除的主要方法有物理法、化学法及生物法。

8.1 物理法

8.1.1 前置库

前置库技术是指在受保护的湖泊水体上游支流,利用天然或人工库塘拦截暴雨径流,通过物理、化学及生物过程使径流中的污染物得到去除的技术。在面源污染控制中,前置库技术可以充分利用当地特有的地形特点,有效解决面源污染的突发性、大流量等问题,对减少外源有机污染负荷,特别是去除地表径流中的氮、磷安全有效,而且费用较低,可以多方受益,适合多种条件,是目前防治河道面源污染的有效途径之一。

前置库就是利用水库存在的从上游到下游水质浓度变化梯度的特点,根据水库形态,将水库分为一个或若干个子库与主库相连,通过延长水力停留时间,促进水中泥沙及营养盐的沉降,同时利用子库中大型水生植物、藻类等进一步吸收、吸附、拦截营养盐,从而降低进入下一级子库或者主库水中营养盐的含量,抑制主库中藻类过度繁殖,减缓富营养化进程,改善水质。其优点为费用较低,适应性强;缺点为在运行期间,前置库区经常出现水生植物的季节交替问题。

前置库系统分为主库和子库,如图 8-1 所示,在子库中,一般配置沉水植物群落、挺水植物群落、浮叶植物群落、底栖动物群落、浮游动物群落,有时为了强化净水效果,还会采用一些生态工艺,如污水原位净化技术、生态浮床技术、微生态活水直接净化工艺等,图 8-2 为其效果图。

8.1.2 底泥清淤及改良

底泥是河湖的沉积物,是自然水域的重要组成部分。当水域受到污染后,

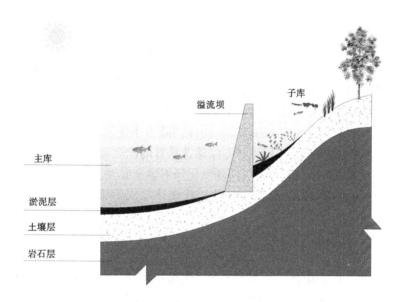

图 8-1　前置库系统示意图

图 8-2　前置库系统效果图

水中部分污染物可通过沉淀或颗粒物吸附而蓄存在底泥中,在适当条件下重新释放,成为二次污染源。

底泥清淤的主要目的是去除底泥所含的污染物(水体中的氮、磷及重金属等),清除污染水体的内源,减少底泥污染物向水体的释放。清淤技术在一定程度上取得了较为明显的效果,但总体来说存在成本高、清淤过深会破坏河底原有的生态系统、清淤底泥的后续处理等问题。

底泥改良能够快速释放并将底泥中的有机污染物进行氧化分解,减少底泥中污染物的含量,将底泥氧化为无机质黄土,且在氧化分解过程中不产生任何有害物质。底泥修复剂能解决底泥对上覆水体造成的二次污染问题,同时为底泥中土著微生物提供好氧环境。

底泥改良主要效果有:①通过为河道水体尤其是河底及泥-水界面层提供充足的溶解氧改善水体缺氧环境,快速消除由于厌氧反应造成的泥斑上浮现象;②培育土著微生物,辅助经专家筛选培育的优良菌种,适应性强,不破坏河道原有生态结构;③通过原位修复氧化降解黑臭底泥,在底泥表层形成无机黄土质,防止淤泥中的污染物质释放造成水体二次污染,同时可以减少清淤频率。

8.1.3 底泥覆盖

底泥覆盖指采用薄膜或颗粒材料(如粉煤灰、沸石等)覆盖湖底的淤泥,可以有效控制底泥中氮、磷等营养盐的释放,也可控制重金属及苯酚等持久性有机物的释放。此法的主要缺点是湖底表层新富营养层释放源会迅速形成。在我国,覆盖技术处于试验与探索阶段,大规模湖泊水体中的实践还较少。国内覆盖工程的首例是 1999 年巢湖市环城河河道采用了底泥疏浚后覆盖0.5 m 厚清洁细沙的工艺,2005 年昆明大清河整治中也采用了疏浚后覆盖卵石的工艺进行该河道底泥污染的治理。

8.1.4 机械除藻

在蓝藻的富集区,通常采用机械除藻措施。这种方法能够在短期内快速有效地去除湖泊内的藻类植物,有些有商业价值的藻类还可以被充分利用,但这种方法通常需要耗费大量的人力与物力,而且随着藻类的不断生长,收割过程得一直持续。总而言之,机械除藻虽然效果不错、无污染、无毒副作用,但一次性投入成本较高、工作量大、时间周期也比较长。

8.1.5 气浮技术

国内外学者结合藻细胞的结构特性,开展了气浮技术处理富藻水的研究。气浮法是一种高效、快速的固液分离技术,相比其他技术,气浮法具有较高的除藻效率、藻毒素释放概率低、预处理时间短且药剂使用量较少、运行费用较低等优势。

藻类密度一般较小,其絮体不易沉淀,气浮法就是利用藻类这一特点,依据微气泡黏附于絮粒,以实现絮粒的强制性上浮,达到固液分离。我国昆明、苏州、无锡、武汉等城市均采用气浮除藻。美国 Wachusett 水库的试验表明,pH 为 6.5、铝盐投加量为 10 mg/L 时,气浮池的除藻效率可达 90% 以上。气浮法的主要问题是藻渣难以处理,气浮池附近臭味重,操作环境差。

8.1.6 遮光法

遮光法可以减少藻类的光合作用从而抑制其生长,梁瑜等采用黑色聚乙烯双层遮光材料遮光网达到的遮光率约为 99.3%,遮光后水质表观状况逐渐改善,遮光第 7 天,水质恢复清澈,第 9 天叶绿素 a 浓度均值降至 33.9 μg/L,仅为遮光前的 31.7%。

8.1.7 扬水曝气

扬水曝气技术是新开发的水质改善技术,用于混合上下水层、控制藻类生长、增加水体溶解氧、抑制底泥污染物释放。在水深大于 5 m 的水库,可以装置曝气筒(或扬水筒)。实践显示,平均水深超过 10 m 的,使用曝气筒(或扬水筒)控制藻类繁殖和嗅味有良好的效果;平均水深为 5~10 m 的,蓝藻繁殖及嗅味得到控制,但不能控制绿藻及硅藻,特别是硅藻明显繁殖;平均水深小于 5 m 的没有控制效果。大约每 10 万 m³ 设置一个装置,投资及成本相当低,但是该法依然不能从根本上排除营养成分对藻类的刺激作用,而且曝气增氧设备要求动力大、耗能高,只对小水体比较有效。

8.1.8 超声波灭藻

超声波泛指频率在 16 kHz 以上的声波,是一种弹性机械波,能在水中产生一系列接近于极端的条件,如超过重力加速度几万倍的质点加速度、空化泡破裂产生的瞬间高温(4 000 K)和高压(500 大气压)、急剧的放电,以及强烈的冲击波和射流等,由此衍生的二次波、辐射压、声捕捉、自由基、氧化剂等也可能较大程度地改变介质性质。

超声波抑藻杀藻机制有破坏细胞壁、破坏气胞、破坏活性酶的特点。高强度的超声波能破坏生物细胞壁,使细胞内物质流出。藻类细胞的特殊构造是一个占细胞体积 50% 的气胞,气胞控制藻类细胞的升降运动。超声波引起的冲击波、射流、辐射压等可以破坏气胞。在适当的频率下,气胞成为空化泡而破裂。同时,空化产生的高温高压和大量自由基,可破坏藻细胞内活性酶和活性物质,从而影响细胞的生理生化活性。此外,超声波引发的化学效应也能分解藻毒素等藻细胞分泌物和代谢产物。

超声波灭藻具有操作方便、高效、无污染或减少污染的特点。超声波灭藻有一定的缺憾,其作用范围小,作用半径小于或等于 300 m,作用时间长,有时长达几个月,对于爆发性藻类污染除藻效果不明显。长期使用超声波可抑制藻类生长。

8.1.9　引水、换水

通过引水、换水的方式来提高水体自净能力,稀释水体中的污染物质以达到改善水质的作用。对于水量小的水体来说,这不失为一种非常有效的方法;但对于蓄水量较大的水域,补水量太小起不到净化效果,反而会耗费大量优质水资源,因而不适合于水资源相对紧张的地区。因此,仅通过换水来保证水质是不经济的方法,从水资源安全角度考虑也是不可行的。

总体来说,物理法除藻会采取一定的工程性措施,见效快,不会造成二次污染,但工程量巨大,且耗费大量的人力、物力和财力,很难进行大规模实施。

8.2　化学法

化学法是通过化学氧化剂和某些盐类去除藻类。目前,国内外普遍采用预氧化、絮凝、抑制、杀藻和综合等方法进行化学除藻。预氯、臭氧、高锰酸钾、过氧化氢、二氧化氯等常用于水处理预氧化工艺除藻。

在藻类繁殖季节,投加一些化学剂可以抑制藻类繁殖。目前,市场上流行的化学方法主要以次氯酸钠、硫酸铜等方法为主,以硫酸铜为例,适宜的投加量为:蓝藻和硅藻 $0.12\sim1.00$ mg/L;绿藻 $0.10\sim1.50$ mg/L,其中胶球藻 $2.5\sim3.0$ mg/L;黄金藻类 $0.05\sim0.50$ mg/L,其中锥囊藻 2.50 mg/L。

8.2.1　氯法

氯在水处理工艺中应用最广泛,当液氯含量在 $1\sim2$ mg/L 或次氯酸钙 $2.5\sim16$ mg/L 时,经过 30 min 反应,藻毒素去除率可达 90% 以上。预氯化可杀死藻类,使其易于在后续处理工艺中去除,并且预氯化工艺的余氯具有持续除藻的功效,可以防止或减缓残余藻类在后续工艺的增长繁殖。天津某水厂利用现有的常规水处理工艺,在预沉池出口投加氯 $0.5\sim2.0$ mg/L,并采用 0.6 mg/L 以下的 HCA 配合三氯化铁(投量控制在 23 mg/L 以内)进行混凝处理,可以有效地处理夏季高藻水。

尽管可以强化除藻的效率,但在氯化过程中氯与水中的有机物作用,生成三卤甲烷等多种有害副产物。同时,增加藻毒素的溶解,使得此工艺的使用受到一定的限制。

8.2.2 高锰酸钾和高锰酸钾复合药剂(PPC)

$KMnO_4$ 对碱性水的除藻效果优于中性水或酸性水,一般高锰酸钾投加量为 $1\sim3$ mg/L。应用 $KMnO_4$ 处理河北大浪淀水库水时,滤后水除藻效率为 75.7%~82.9%。投加量为 0.6 mg/L 时,对藻类的杀灭率已近 90%,但出水的色度会升高。同时,沉淀出水中锰的含量会升高。采用 PPC 处理高藻水,与 $KMnO_4$、氯气除藻作用相比,相同投量的 PPC 沉后除藻率比预氯化高 14%,滤后除藻率高 3.9%,还可以显著降低 UV254 的值,对饮用水水质无副作用。郑州市自来水公司水厂出水中的鱼腥臭味是由藻类及其代谢物产生的,用 H_2O_2、PAC 和 PPC 进水预处理的结果表明:PPC 的除臭效果最好。

8.2.3 臭氧

欧美等一些发达国家采用臭氧预氧化除藻效果好,但设备投资大、管理要求严、运行费用高。预化作用是溶裂藻细胞、杀藻,使死亡的藻类易于被后续工艺去除。南非 Wiggins 水厂处理原水为藻含量 38.9 万个/L 的高藻水,投加 3.2 mg O_3/L、5.0 mg O_3/L、7.6 mg O_3/L 预氧化时的除藻率分别为 39%、58%、90%,可见增大臭氧的投加量可明显改善除藻效果。深圳某水厂的研究结果表明,在原水含藻量 160 万个/L 时,投加 1.5 mg O_3/L 预氧化可使除藻率达到 42%,并且臭氧与过氧化氢联用可使浊度和藻类的去除效果同步提高。预臭氧可使藻类悬浊液 DOC 浓度增加 3 倍,THMF P 加 10%~30%。预臭氧化是一种有效的预处理方法,它和常规处理配合使用是处理富营养化水源藻类问题的有效途径之一。

8.2.4 盐类

应用最多的为硫酸铜或含铜的有机螯合物,铜盐可与微生物蛋白质的半胱氨酸的 SH 基反应使其酶钝化,并可破坏某些藻类的细胞壁、细胞膜及其内含物,使其灭活甚至解体,从而杀死活体藻细胞。此法应用灵活,成本较低,但水中增加了新的对健康不利的化学物质。

美国、澳大利亚等国常采用此法控制藻类在湖泊、水库中的生长。控制藻类生长的硫酸铜浓度一般需大于 0.1 mg/L,这会导致水中铜盐浓度上升,危害人体健康。同时,藻细胞被破坏,藻细胞内大部分藻毒素被释放出来。所以,硫酸铜处理后的水不能立即作为饮用水源。该药剂效果短暂,本身为一种污染物,不宜多次使用。三门峡市第三水厂使用 $CuSO_4$ 杀藻(浓度约 4 mg/L)效果显著,藻密度平均下降了 48.6%,但蓝藻仅降了 28.2%,不及其他藻类对 $CuSO_4$ 敏感。尹澄清等研究发现,用铁盐、铝盐作为增效剂,可提高铜盐的除藻效率,有效控制微囊藻水华的生长。

另一种常用药剂是 $Ca(OH)_2$,它不破坏藻细胞的完整性,不会导致细胞内藻毒素的释放。其作用机制是将磷酸盐从水中沉淀去除,同时去除藻类。但投量较大时(250 mg/L)才有明显去除效果。另外,有资料显示,采用高铁酸钾做助凝剂,能显著提高硫酸铝除藻效率。高铁酸钾投加量为 1 mg/L 时,沉后水藻去除率可达 80%。

8.2.5　化学除磷

化学除磷是指通过向污水中投加无机金属盐药剂,它与污水中溶解性的盐类(如磷酸盐)混合后,形成颗粒状、非溶解性的物质,这一过程涉及的是所谓的相转移过程,并不能将氮、磷等营养物质清除出水体,无法从根本上解决问题。而且在除磷时,若水底缺氧,底泥中有机物被厌氧分解,产生的酸环境会使沉淀的磷重新溶解进入水中,造成二次污染。

但是使用化学药剂除藻,需要向水中引入新的化学成分,有些不仅对藻类有抑制性,对其他生物也存在毒性。如治理微囊藻水华的方法,多用 $CuSO_4$ 等药物清杀,但在实践中发现有时并不理想,往往在清杀之后,微囊藻水华照样大量出现。此外,现阶段的清杀药物对藻类并无选择性,在杀死微囊藻水华的同时,也杀死了其他藻类生物,污染了水体。

8.3　生物法

生物法一般是利用生物之间的相互竞争关系来抑制藻类生长,如在富营养化水体中种植的大型水生植物能够通过克制效应,控制藻类繁殖。生物法不会破坏当地水体生态系统,并能有效去除藻毒素。

8.3.1　人工湿地

该法在日本、韩国应用较多,日本建设省利用种植多种水生植物吸收水中的氮、磷类营养元素和藻类物质的原理在霞浦湖边建立了占地 3 400 m^2 的试验性人工湿地净化湖水。经 5 年运行实践,取得了良好效果,即使在湖水水华高发期,也能有效消除蓝藻,每平方米人工湿地每天可去除水华 2.0 kg(以98%含水率计),全年平均除氮能力为 196 g/(m^2·d),还可去除水中 40%~50%的磷。其去除藻类的机制是当富营养化水流过人工湿地时,经砂石、土壤过滤,植物根际的多种微生物活动,使水质得到净化。该法有一大优点:人工湿地的渗水率不随系统滤水量的增加而递减,仅在一定范围内波动,同时该法无藻渣产生。

8.3.2 微生物

微生物除藻是生物除藻里最有前途的一种方式,有研究发现,水体中一些微小动物对藻类及其有毒副产品的生物降解起着重要作用。现已发现多种黏细菌、蓝藻嗜菌体和真菌能裂解藻类营养细胞或破坏细胞的某一特定结构。最常投放的微生物有光合细菌(PSB)和高效微生物群(EM)。光合细菌能将富营养化水体中的磷吸收转化、氮分解释放、有机物迅速转化为可被水生物吸收的营养物。光合细菌有游离态和固定化两种,采用人工培养高密度光合细菌,通过一定的方法投入水体,可加速水体的物质循环,最终达到净化水体的目的。成都府南河综合治理工程中,在清淤底泥、人工曝气的基础上,曾用水面泼洒法向水体投放 PSB,同时放养一定数量的鱼类,并在浅水区引种水生植物,重建了该水体的生态平衡。

8.3.3 生物接触氧化

吴为中等比较了 3 种生物接触氧化法对富营养化水源水中藻类的去除效果,结果表明:淹没式曝气生物陶粒滤池(Ⅰ型)在 4~6 m/h 过滤速度条件下,对藻类总数的去除效率稳定,平均为 70%左右。采用弹性立体填料的中心导流筒曝气生物接触氧化法(Ⅱ型)与直接微孔曝气生物接触氧化法(Ⅲ型),在试验初期对藻类总数的去除率低,平均去除率分别为 60.2%和 51.6%。但随着生物膜厚度的增加,试验后期对藻类的去除效果逐步得到提高,平均达70%以上。生物膜对藻类的生物絮凝、吸附、生物膜的脱落沉降等是生物接触氧化法去除藻类的主要途径。此外,对于较为中、长远的规划,应考虑引入生物活性炭滤池、二次活性炭滤池、微滤池、气浮池、各种预处理工艺。

8.3.4 其他方法

水体中投加大麦秸秆能够有效地控制蓝绿藻类发生,研究表明大麦秸秆在水中腐烂时能够释放一种活性物质,这种物质对蓝绿藻类生长具有很强的抑制作用,在水华发生前 2~3 个月,2.5 g/m³ 就能有效地抑制藻类的发生,而且这种抑制作用可持续 6 个月。这项技术成本低,易于操作而且没有副作用。光催化降解水体中的微囊藻毒素是指在光线照射的情况下,某些特定的半导体材料会产生氧化降解有机污染物的能力。藻毒素被彻底分解为二氧化碳、水与无机离子。目前,应用最多的材料是锐钛型二氧化钛,二氧化钛光催化氧化技术能够有效破坏水体中的微囊藻毒素,并且其降解产物生物毒性极低甚至没有毒性。DongKeunLe 等将二氧化钛负载到颗粒活性炭表面制成固定相催化剂。二氧化钛的负载率为 0.6%(质量比),20 min 反应后微囊藻毒素就被完全降解。随后又将载钛活性炭应用于流化床反应器中,连续运行超过540 min,对微囊藻毒素的降解率稳定保持在 95% 以上。

8.4　方案选取

8.4.1　可行性分析

8.4.1.1　技术分析

针对上述物理、化学及生物处理方法,结合珍珠泉为水冶镇饮用水源地及珠泉河景观功能实际情况,分别对物理法涉及的前置库、底泥清淤及改良、底泥覆盖、机械除藻、气浮技术、遮蔽阳光法、扬水曝气、超声波灭藻、引水换水 9种技术,化学方法中涉及的氯法、高锰酸钾和高锰酸钾复合药剂(PPC)、臭氧、盐类、化学除磷 5 种技术,生物方法中涉及的人工湿地、微生物、生物接触氧化、投加大麦秸秆法 4 种方法,进行技术可行性分析,结果如下:

(1)前置库技术有一定的选址要求。需因地制宜,选择适宜区域,如沟渠、小河、水塘或低洼地等进行改造,珍珠泉及珠泉河现状不具备开展前置库技术。

(2)底泥清淤及改良。能将底泥中的有机污染物进行氧化分解,减少底泥中污染物的含量,可将底泥氧化为无机质黄土,且在氧化分解过程中不产生任何有害物质,能解决底泥对上覆水体造成的二次污染问题,同时为底泥中土著微生物提供好氧环境。

（3）底泥覆盖。可以有效控制底泥中氮、磷等营养盐的释放，也可控制重金属及苯酚等持久性有机物的释放；此法的主要缺点是湖底表层新富营养层释放源会迅速形成。在我国，覆盖技术处于试验与探索阶段，技术还不太成熟。

（4）机械除藻。这种方法能够在短期内快速有效地去除湖泊内的藻类植物，有些有商业价值的藻类还可以充分利用，物理除藻效果不错、无污染、无毒副作用。

（5）气浮技术。是一种高效、快速的固液分离技术，气浮具有较高的除藻效率，藻毒素释放概率低、预处理时间短且药剂使用量较少、运行费用较低等优势，气浮法的主要问题是藻渣难以处理，气浮池附近臭味重，操作环境差。

（6）遮蔽阳光法。需要搭建遮蔽设施，对于具有景观功能的珍珠泉和珠泉河来说是不可行的。

（7）扬水曝气。平均水深超过 10 m 的，使用曝气筒（或扬水筒）控制藻类繁殖和嗅味有良好的效果；平均水深为 5~10 m 的，蓝藻繁殖及嗅味得到控制，但不能控制绿藻及硅藻，特别硅藻明显繁殖；平均水深小于 5 m 的没有控制效果。

（8）超声波灭藻。具有操作方便、高效、无污染或减少污染的特点。超声波除藻，其作用范围小，作用半径小于或等于 300 m，作用时间长，有时长达几个月，对于爆发性藻类污染除藻效果不明显。

（9）引水换水技术。对于蓄水量较大的水域，补水量太小起不到净化效果，反而会耗费大量优质水资源，因而不适于水资源相对紧张地区。因此，仅通过换水来保证水质是不经济的方法，从水资源安全角度也是不可行的。

（10）氯法。预氯化可杀死藻类，使其易于在后续处理工艺中去除，并且预氯化工艺的余氯具有持续除藻的功效，可以防止或减缓残余藻类在后续工艺的增长繁殖。在氯化过程中氯与水中的有机物作用，生成三卤甲烷等多种有害副产物；同时，增加藻毒素的溶解，使得此工艺的使用受到一定的限制。

（11）高锰酸钾和高锰酸钾复合药剂（PPC）。投加量为 0.6 mg/L 时，对藻类的杀灭率已近 90%，但出水的色度会升高。同时，沉淀出水中锰的含量会升高。

（12）臭氧。预氧化除藻效果好，但设备投资大，管理要求严，运行费用高。

（13）盐类。美国、澳大利亚等国常采用此法控制藻类在湖泊、水库中的生长。控制藻类生长的硫酸铜浓度一般需大于 0.1 mg/L，此法应用灵活，成本较低，但水中增加了新的对健康不利的化学物质。

（14）化学除磷。不能将氮、磷等营养物质清除出水体，无法从根本上解决问题。而且在除磷时,若水底缺氧,底泥中有机物被厌氧分解,产生的酸环境会使沉淀的磷重新溶解进入水中,造成二次污染。

(15)人工湿地。需要有一定的占地面积,而珍珠泉及珠泉河现状不具备设置人工湿地的条件。

(16)微生物。微生物除藻是生物除藻里最有前途的一种方式,光合细菌能将富营养化水体中的磷吸收转化、氮分解释放、有机物迅速转化为可被水生物吸收的营养物,能重建水体的生态平衡。

(17)生物接触氧化。设备构造较为复杂,适应条件较差,不太适用于珠泉河开阔大水体。

8.4.1.2　经济性分析

(1)底泥清淤及改良,前期投入资金相对较多,但是如果结合微生物技术,考虑后期水体生态系统重建后无须再过多投入运行维护资金,其项目全生命周期投资成本较少。

(2)机械除藻,设备资金投入较大。

(3)气浮技术,藻渣难以处理,处理成本高。

(4)扬水曝气,设备投入成本较低,运行维护主要为能源消耗。

(5)超声波灭藻,设备投入成本较多,但运行时只有能源消耗,其运行维护成本较低。

(6)氯法,成本低,对原有生态环境有一定的危害。

(7)高锰酸钾和高锰酸钾复合药剂(PPC),投加量为 0.6 mg/L 时,对藻类的杀灭率已近90%,但出水的色度会升高。同时,沉淀出水中锰的含量会升高。

(8)臭氧,设备投资大,管理要求严,运行费用高。

(9)盐类,成本较低,但水中增加了新的对健康不利的化学物质。

(10)化学除磷,成本较低,产生的酸环境会使沉淀的磷重新溶解进入水中,造成二次污染。

(11)微生物,投入成本中,但能重建水体的生态平衡,长期来说其总的投入成本不高。

8.4.2　方案组合及优选

8.4.2.1　珍珠泉

考虑到珍珠泉作为饮用水源的特殊性质,其水草控制生态修复方案只考虑物理法和生物法。珍珠泉几种水生态修复技术比选见表8-1。

表 8-1 珍珠泉几种水生态修复技术比选

项目	方案一 曝气+投撒微生物	方案二 超声波+投撒微生物	方案三 底泥修复+生态系统重建
技术原理	提升氧含量,微生物降解污染物	二次波、辐射压+微生物	基于微生物技术构建水体生态系统,提升水体自净能力
能耗	高	中	低
景观影响	需要在水体中设置曝气设备,占用一定的水面,影响景观	超声波设备较大,占用一定水面	设备安装很少,基本上不占用土地和水面
占地及土建工程量	小	中	小
处理效果	能够改善水质,但效果易反复,需要不停投加微生物	能够改善水质,恢复生态	能够改善水质,恢复生态,达到良好的生态修复效果
景观效果	无	有	有
投资成本	中	高	较低
运行维护	维护保养曝气设备;投撒微生物;运行维护费用中等	水草收割去除,清除枯萎的水生植物,超生设备维护保养	生态系统必要维护运行维护费用低

由表 8-1 的对比分析结果,底泥修复+生态系统重建方案,在技术上可行,经济成本是最合理的,因此珍珠泉水草控制生态修复方案建议采用底泥修复+生态系统重建方案。

8.4.2.2 珠泉河(辅岩西湖+永兴湖)

珠泉河的水草控制生态修复方案充分虑物理法、化学法、生物法及其组合。珠泉河几种水生态修复技术对比见表 8-2。

表 8-2　珠泉河几种水生态修复技术对比

项目	方案一 曝气+投撒微生物	方案二 超声波+投撒微生物	方案三 底泥修复+生态系统重建
技术原理	提升氧含量,微生物降解污染物	破坏某些藻类的细胞壁、细胞膜及其内含物,使其灭活甚至解体,从而杀死活体藻细胞	基于微生物技术构建水体生态系统,提升水体自净能力
能耗	高	低	低
景观/生态环境影响	需要在水体中设置曝气设备,占用一定的水面,影响景观	药剂投加会生成三卤甲烷等多种有害副产物,以及带来重金属二次污染	设备安装很少,基本上不占用土地和水面
占地及土建工程量	小	中	小
处理效果	能够改善水质,但效果易反复,需要不停投加微生物	能够改善水质,恢复生态	能够改善水质,恢复生态,达到良好的生态修复效果
景观效果	无	无	有
投资成本	中	低	较低
运行维护	维护保养曝气设备;投撒微生物;运行维护费用中等	水草收割去除,清除枯萎的水生植物,药剂投加	生态系统必要维护运行维护费用低

　　由表 8-2 的对比分析结果,底泥修复+生态系统重建方案,在技术上可行,经济成本上最合理,因此珠泉河水草控制生态修复方案建议采用底泥修复+生态系统重建方案。

第9章 工程管理

9.1 工程管理的目标

安阳市水冶镇珠泉湖至广济闸生态治理工程实施后,水体水质将得到改善和维持,景观也得到提升,要想长期保持下去,必须抓好水环境管理工作。水环境管理的目标是:维持珠泉湖至广济闸水质水量等条件,为湖体物种提供最佳生存栖息地,保护或恢复珠泉湖至广济闸功能与价值,并使人类活动对珠泉湖至广济闸造成的负面影响降到最低,达到珠泉湖至广济闸生态系统的健康和完整。

9.2 工程长效管理机制

项目水体水环境修复治理工程要转变"重建轻管"的工作模式,把阶段性集中治理与日常性管理结合起来,及时协助主管部门制定设施维护、卫生保洁等管理制度,建立群众参与和监督的长效机制。

项目水体长效管理需要常态化的保洁作业,同时要注重水岸同步,标本兼治,要求保洁效果达到水面清洁、水岸整洁等,具体要求如下。

9.2.1 水面清洁

组织人力,全面清理水面垃圾(如杂草、水面漂浮物等)。杂草打捞后,不得随意丢弃在岸边,必须集中堆放、处理,避免垃圾、杂草二次入河污染。

9.2.2 水岸整洁

对项目水体沿线堤岸生活垃圾、工业建筑垃圾等进行打扫清运。清理过程中,坚决杜绝垃圾落入湖中,清理垃圾须集中堆放、处理;对湖岸影响景观的灌木杂草进行割除,并集中处理。

9.2.3 垃圾清运

水面、水岸清理的垃圾集中堆放,严禁随意丢弃在湖岸边上,应全部清运至垃圾中转站进行处理。

9.2.4 保洁周期

湖体保洁清理每月至少2次以上,夏季水草生长期增加保洁人员力量,增加保洁工作强度和频率。

9.3 工程运营维护计划

9.3.1 日常维护计划

水体维护工作是水体水质和生态系统保持健康的一个重要的工作,质保期内,除日常的水质保洁外,不定期进行水体水质检测工作,根据水体水质,适时补充微生物菌剂和生物酶,随时调控水生植物生长,优化水生植物结构,保持水体生态稳定平衡。

其中,日常维护内容如下:
(1)每日观察测试水体透明度和水色,做好记录。
(2)日常的水面保洁,清除岸边垃圾和杂草。
(3)定期进行水质检测,并做好记录。
(4)根据鱼类的数量和种类,及时调控水体内的鱼类结构和数量。
(5)随时割除水体内的沉水植物,避免其长出水面。
(6)对因季节变化造成的水草腐败进行清理和必要的补植。
(7)对水位进行调控,保证水位满足沉水植物生长要求。
(8)对因气候条件和外来污染造成的水质突然恶化进行应急处理。

9.3.2 季节性维护计划

9.3.2.1 春季维护

春季是水草生长的旺盛季节,同时青苔的生长也较快,水体的生态系统功能逐步增强,对水体需要进行必要的维护,根据水体的 DO 情况,及时补充微生物菌,并调控水体生态平衡。

在4~5月,水生植物生长迅速,部分水草长出或接近水面,需要进行割除。同时,每天进行水体保洁,打捞垃圾;每月对水体进行检测,根据检测结果制定维护工作重点。

春季是各种鱼类的快速繁殖和生长期,特别是草食性鱼类的繁殖季节,鱼类数量过多,会造成水体生态系统不平衡,影响水生植物的生长和水体透明度,必须对鱼的种类和数量进行调控。

9.3.2.2 夏、秋季维护

夏、秋季水生植物生长旺盛,每天对水体进行保洁工作,每月监测水体水质,并及时收割水草,根据水质变化情况相应调整工作重点。特别注意的是,5月与9月为高温种和冷水种换季的时候,要随时处理水体出现的任何情况。

9.3.2.3 冬季维护

冬季维护的主要是水质监测和巡视水域,进行水面保洁。同时,对因低温造成的夏、秋季水草叶冻死和腐烂的情况进行清理,对青苔进行打捞,保证水体水质和景观效果。项目区全部水域的枯枝落叶和水生植物及周边杂草于冬季结冰前完成,不影响冰上冬季活动。

针对安阳市水冶镇珠泉湖至广济闸生态治理工程的后期维护保养,提供的维护计划简便高效,参与维护的人员经验丰富,整体维护工程具有以下优势:

沉水植物采用四季常绿矮型苦草,四季常绿矮型苦草不开花不结籽,且植株低矮,维护过程简单、维护难度低。

委派现场的维护团队及培训人员均拥有多年丰富的维护保养经验,对项目水生态系统维护过程中遇到的突发状况能及时应对,维护工人均能熟练掌握维护操作规程,维护养护效率高。

提供全天无间断技术指导服务,拥有快速响应机制。

针对浮叶植物、挺水植物及季节性沉水植物,制定养护计划,避免了季节更替造成植株死亡从而引发生态系统的崩溃。

9.3.3 应急预案

本方案所采用的应急措施如下:

视水质变化情况,追加补投复合菌修复剂。水体投入使用后,视检测情况每年追加补投菌剂,以填补自然损失,损耗而致的分解者疏缺,确保系统的稳定运行,稳定水质维护长效、可持续。

若突发事件导致沉水植物系统受损,则需在事后补种沉水植物,以恢复"草型清水态"优美景观。

有外源污染排入水体预处理工程:若发现有外源污染物排入水体,首先在排污口做相关预处理,同时做好取证工作,及时和业主沟通,寻求环保执法部门,找到排污源,杜绝类似事件再次发生。

若遇连续暴雨天气或大量污水突然涌入项目湖体等特殊情况,可用以下方法迅速提高水质:①投加复合菌修复剂,迅速提高水体透明度,以便于增加沉水植物光合作用强度,加速水质净化。②投加生物酶活性剂,加速微生物生长和分解作用,迅速改良水质,保持水生态系统稳定性。

9.4　管理组织机构

为便于工程现场各项管理工作的开展和各项质量、安全责任措施的落实,确保工程质量和安全,针对工程的特点,项目部组建了一只管理精干和经验丰富的项目管理班子,并实行项目经理责任制,由项目经理、技术负责人、专职安全员、质量员、资料员和施工员等组成。本工程现场管理机构施工过程中坚持安全文明施工、实测实量,专业工序由专职人员负责,并持证上岗。项目管理机构配备见图9-1。

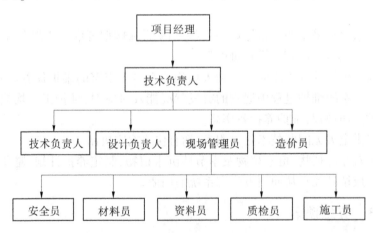

图 9-1　项目管理机构配备

9.4.1　项目经理

(1)负责项目部全面工作。

(2)项目经理部全面工作的领导者与组织者。

(3)参与建设单位的合同谈判,并认真履行与建设单位的合同。

(4)做好与建设单位、监理公司的协调工作。

(5)领导编制项目质量目标与养护计划,建立健全各项制度。

(6)指导商务经理做好合同管理工作。

(7)项目安全生产的第一责任者。

(8)参与制造成本的编制,加强项目成本的管理与控制。

(9)负责施工队的管理及施工人员的调配,并负责各项具体工程的完成和质量保证。

(10)合理安排生产,配置资源,召开现场生产协调会,保证施工进度和工程质量达到计划要求。

(11)切实抓好安全生产、文明施工。

(12)根据施工需要,审定上报的劳动力计划,保证工程按时交付使用。

(13)执行公司质量方针目标,对实现项目质量目标负直接责任。

(14)合理安排生产,配置资源,保证工程按施工组织设计和《项目质量计划》规定的活动顺序进行。按《过程控制程序》的要求严加控制。

(15)召开现场生产协调会,抓好总、分包和工序之间的搭接配合,保证施工进度和工程质量达到计划要求。

(16)执行政府法令,对施工现场的生产环境负责,切实抓好安全生产、文明施工。

(17)依据工程分包计划,提出候选分承包方建议,按程序选用合格分承包方。

(18)根据施工需要,审定上报的劳动力计划,按程序挑选合格包工队,并合理调配使用。

(19)组织建立施工现场成品防护队,抓好成品保护和交付,参加工程交工验收,解决验收过程中存在的问题,保证工程按时交付使用。

9.4.2 技术负责人

(1)负责现场施工情况的跟进和技术指导。

(2)负责工程技术及质量管理检验工作。

(3)领导工程的质量检查工作、样板验收确定工作,以及试验测量计量工作。

(4)采用新材料、新工艺提高工程质量。

(5)主持内部会审、方案交底及重点技术措施交底。

(6)组织安排技术培训工作,保证项目工程按设计规范及施工方案要求施工。

(7)领导和落实施工过程质量控制,负责技术协调工作。

(8)领导工程材料鉴定,测量复核及工程资料的管理工作。

(9)领导项目计量设备管理工作。

9.4.3 设计负责人

(1)负责工程技术文件的设计、编制和审核。

(2)领导编制施工方案,技术工艺交底以控制工序质量。

(3)编制实施《项目质量计划》,贯彻执行国家技术政策,协助项目经理主抓技术、质量工作。

(4)主持编制项目设计方案及重要施工方案、技术措施。

(5)保持与建设单位及监理之间密切联系与协调工作,并取得对方的认可,确保设计工作能满足连续施工的要求。

9.4.4 安全员

(1)负责项目有关安全生产等方面的工作。组织进行日常检查、周查、月查等工作。

(2)代表公司行使安全否决权。

(3)负责现场安全检查管理及安全管理资料的整理工作。

(4)负责工人的安全教育及对新进场的工人进行相关安全培训工作。

(5)负责项目月、周的安全交底工作。

(6)负责项目各安全设施的认定和检查。

(7)负责落实项目安全生产措施和安全操作规程。

(8)负责现场消防、保卫管理、检查工作。

(9)负责项目环境保护情况的检查和监督。

(10)负责施工现场文明安全施工规划和实施。

(11)负责项目成品和半成品保护的管理和监督。

9.4.5 质检员

(1)严格按图纸、规范、工艺操作规范检验工程质量,判定工程合格或不合格,不合格及时向项目经理反映,以确定返工,重新验收,对因错、漏检造成质量问题负责。

(2)监督施工过程中质量控制情况,严格执行隐预检,督促检查"三检制"

的执行情况,并配合需公司检查项目,工程中发现问题及时通报公司,参加 QC 小组活动。

(3)严格按工艺及试验规程进行材料及施工试验项目,及时把结果报告有关部门和领导,并做好试验单的保管。

(4)负责施工全过程的质量监控,根据工作程序要求,检查现场工人的操作方法和操作过程的质量情况;准确记录质量活动过程,并及时反馈工程质量信息。

(5)负责质量监控、检查、隐蔽验收及相关资料的上报;检查成品、半成品及工序质量;参加工程质量检查与验收,核定工程质量。

(6)监督检查不合格品的返工返修情况,出现重大质量问题或质量事故及时向上级汇报并参加调查与处理。

(7)负责编制和实施项目质量计划,并检查落实。

(8)负责与质监站、业主及监理单位有关质量工作联系。

9.4.6 材料员

(1)对所采购的材料、成品、半成品构件负质量责任。进场材料、器材必须为合格材料,配合技术部门做好现场取样复试工作,并负责做好材料保管工作。

(2)编制工程所用材料、构件、半成品、设备的询价及采购,并供应至现场。

(3)负责项目材料仓库管理和安全检查。

(4)负责项目材料使用管理,包括限额领料、库存管理、库房维护维修、材料相关质量资料等。

(5)负责施工周转工具的管理。

(6)负责项目劳动保护用品的采购和发放。

(7)负责供应材料的管理和验收。

(8)负责施工机械设备配件的采购。

(9)负责项目机械设备的管理及安全检查。

9.4.7 资料员

资料员负责本工程合同管理,以及整个过程中施工资料的编制和管理。

9.4.8 施工员

施工员负责本工程现场的实际施工。

9.5 人员和器具配备

9.5.1 劳动力人员配备

根据本工程的工程量和工程进度要求,结合施工部署安排,在力求现场施工队伍规模适中、工作量均衡、作业面稳定的原则下,进行各专业施工队伍组建及其作业区域、任务分配。以便于统一协调、管理和施工调度,在专业劳动作业队伍的组建上要力求精干。为确保施工进度、质量,保证施工的顺利实施,根据本工程的需要,组织足够的劳动力投入生产,具体安排见表9-1。

表9-1　施工阶段投入劳动力情况　　（单位:人）

工种	按工程施工阶段投入劳动力情况					生态调整和优化
	现场清理及底泥活化	曝气系统安装	复合共生菌投放	水生植物种植	水生动物投放	
普工	55	4	8	8	4	4
技术工	1	1	1	2	1	1
种植工	0	0	0	60	0	2
养护工	0	0	0	0	0	8
质检员	1	1	1	2	1	1

注:本计划是以每班八小时工作制为基础编制的。

9.5.2 机械设备投入

为保证本工程按期完成,将配备充足机械设备(船、推车等)(见表9-2),以满足施工过程中的正常使用。同时,做好施工机械和设备的定期检查和日常维修,保证施工机械处于良好的状态。

表 9-2　拟投入机械/作业设备

序号	设备名称	规格型号	规格说明（额定功率或容量）	数量（台）
1	运输卡车	国产轻卡	1.8 t<总重量≤6 t	2（租赁）
2	冲击钻	钻头最大直径 16 mm	空载转速 3 250 r/min	6（新购）
3	小推车	车板高度 400 mm	载重 160~200 kg	20（新购）
4	木船	主尺寸 3.6 m×1.2 m×0.5 m	载重 400~1 000 kg	16（租赁）
5	告示牌	1 m×5 m	防腐蚀材料	20（新购）
6	救生设备	全套	下水裤、救生衣、救生圈等	60（新购）

9.6　质量、进度、安全保证措施

9.6.1　工程质量保证措施

9.6.1.1　质量管理体系

项目经理部针对质量创优目标,建立健全行之有效的质量保证体系,按照质量体系文件完善项目经理部管理职责,在项目经理部中建立项目部质量保证体系。实行工程质量责任制,即项目经理对所承担工程项目的质量负直接责任,项目总工对所承担工程项目的技术质量负领导责任,各部门负责人按质量体系要求,分担各职能责任,各级管理及操作人员履行本岗位的质量职责。

9.6.1.2　质量保证措施

1. 质量检查程序

每一道工序完成后由质检员按设计图和技术规范要求严格进行自检,对自检合格工程填写质检申请表,经质检核实后报质检组审查,质检组确认自检组的检查有效并签字报送现场监理工程师申请检验,监理工程师认可后,方可进行下道工序。

2. 加强施工前的质量控制工作

施工前,组织技术人员认真会审设计文件和图纸,切实了解和掌握工程的要求和施工的技术标准,充分理解业主的需要和要求,若有不清楚或不明确之处,及时向业主或设计单位提出书面报告,必要时,可组织技术人员与业主方进行对接,面对面答疑。

根据工程的要求和特点,组织专业技术人员编写具体施工组织设计,严格按照公司质量体系程度的内容要求,编制施工计划,确定适用的实施设备并落实配备,施工过程中着重控制手段、检验设备、辅助装置、资源(包括人力)以达到规定的质量要求,并根据施工的技术要求,分部分项地制定详尽的施工方案,编写施工工艺,以保证该工程的质量达到要求。

3.做好施工全过程的质量控制工作

配齐满足工程施工需要的人力资源,有针对性地组织各类施工人员学习,进行必要的施工前岗位培训,以保证工程施工的技术要求,特殊工种作业人员须持有效上岗操作证,技术人员、组织管理人员必须熟悉本工程的技术、工艺要求,了解工程的特点和现场情况,以确保工程施工能正常运转。

配齐满足工程施工需要的各类设备。自有设备必须经检修、试机、检验合格后,方能进场施工,外租设备在进场前,要进行检查和认可,证明能满足工程施工需要后,方可进行施工。严格执行"设备维修保养管理规定"及"施工机械操作规程",保证各类设备在施工中的作用,满足整个工程施工的需要。

9.6.2 工程进度保证措施

(1)本工程执行项目经理负责制,并且由施工经验丰富的项目经理负责本工程的施工管理和指导。在施工队伍选择上,将选用经验丰富的施工队伍,保证达到科学施工、有序施工。施工过程中,施工人员分工明确,做到多沟通、多交流和多汇报,对工程的重点和难点,要把握准确,施工节点和控制点清晰。

(2)按工程施工组织计划,分项目制定月度进度表、周进度表,并严格执行施工组织计划,坚持"以目标为中心,严格按施工组织计划施工"的原则,科学合理地安排施工和管理,当发现施工中计划与实际不相吻合时,及时调整施工进度计划,并向业主和设计人员及时反馈,确保整个施工进度按期实现。

(3)每周组织召开项目部协调会,总结每周工作,并结合实际施工进度,对后续工作计划进行调整与安排,若遇特殊情况,及时、准确召开有关人员会议,协调解决问题。

(4)根据工程开展情况,积极调动各工序施工人员的能动性和工作积极性,使劳动力充分发挥工作效率,达到施工人员配合默契,以防窝工、怠工等现象的发生。

(5)加强团队组织管理,配置技术过硬的施工队伍,做到施工准确、备料及时、人力充足、器具齐全。

(6)施工现场人员必须按进度计划完成当日工作,若计划有变或其他因素影响进度,将临时增加施工人员。

(7)现场测量做到精细、周到,发现与设计图纸中不符的地方,应及时向项目经理反馈,采取相应处理措施。

(8)严格按材料进场计划供货,保证材料进场有充足的工程量,不因材料供应不及时而延误工期。

(9)严格按有关施工规范和施工图纸进行施工,杜绝因施工不到位造成返工等。

(10)施工期间执行工期奖罚措施,对各项作业指标分项考核,对于完成指标的团队和个人,公司给予一定的奖励;对未能按时完成施工内容的团队和个人给予一定的警告处罚,确保工程总工期目标的实现。

9.6.3　工程安全保证措施

9.6.3.1　安全管理体系

无论是施工前、中、后期中的哪个阶段,工作人员要时刻树立"安全第一"的思想,抓生产同时必须抓安全,以安全促生产。

项目部成立以项目经理为首的安全领导小组,配备专职安全工程师,负责全面的安全管理工作;各施工作业组配备专职安全员,负责各项安全工作的落实。建立健全安全生产责任制,从项目经理到施工人员,明确各自的岗位责任,各专职机构和业务部门要在各自的业务范围内对安全生产负责。

9.6.3.2　安全施工措施

1. 制定安全生产制度

项目部制定具体的安全施工制度,并建立领导安全责任制度,安排好安全生产工作,认真检查安全生产的落实情况。

2. 责任分解落实

项目经理为安全生产第一负责人,职能部门各负其职,多管齐下,设安全员负责现场安全生产的监督管理工作。

3. 开展宣传

做好安全日记。严格执行奖罚制度,开展多种形式的安全教育活动。每一分项工程施工前,由专业班长对班组进行安全交底。

4. 现场设置

施工中使用"三宝"(安全帽、安全带、安全网)。施工现场悬挂醒目的标志牌,出入口处设警示标志。施工现场"四口"处设红白相间颜色的防护栏杆进行安全防护。

5. 例行检查制度

公司每月对项目部进行安全检查,发现安全隐患,提出整改意见,限期处理,杜绝一切事故发生。